iPad+Procreate

时装画绘制与表现
从入门到精通

温馨 著

北京大学出版社
PEKING UNIVERSITY PRESS

内容提要

　　iPad 的诞生极大地影响了艺术与设计领域的发展，而与之适配的 Procreate 近年来也成了非常受欢迎的数码手绘应用，其强大的功能为时装画的创作带来了更多可能和新鲜活力。本书先对 Procreate 的优势、工具等进行详细介绍，然后讲解了 Procreate 时装人体表现、款式图绘制技法，接着讲解了 Procreate 时装画着装表现技巧、材质与工艺表现、风格表现，最后拓展到 Procreate 主题时尚插画创作。全书运用大量的原创案例，效果时尚精美，内容讲解循序渐进，融合了时装画入门到进阶的绘制技巧。

　　本书实用且具有启发性，适合需要了解和掌握 Procreate 时装画的专业时装画师、时装设计师和业余爱好者等阅读。

图书在版编目（ＣＩＰ）数据

iPad+Procreate 时装画绘制与表现从入门到精通 / 温馨著 . —— 北京：北京大学出版社，2024. 10. ISBN 978-7-301-35672-2

Ⅰ . TS941.28-39

中国国家版本馆 CIP 数据核字第 2024CP8611 号

书　　　名	iPad+Procreate 时装画绘制与表现从入门到精通	
	iPad+Procreate SHIZHUANGHUA HUIZHI YU BIAOXIAN CONG RUMEN DAO JINGTONG	
著作责任者	温馨　著	
责 任 编 辑	孙金鑫	
标 准 书 号	ISBN 978-7-301-35672-2	
出 版 发 行	北京大学出版社	
地　　　址	北京市海淀区成府路 205 号　100871	
网　　　址	http://www. pup. cn　　　新浪微博：@ 北京大学出版社	
电 子 邮 箱	编辑部 pup7@pup. cn　　　总编室 zpup@pup. cn	
电　　　话	邮购部 010-62752015　　发行部 010-62750672　　编辑部 010-62570390	
印 刷 者	北京宏伟双华印刷有限公司	
经 销 者	新华书店	
	889 毫米 ×1194 毫米　16 开本　11 印张　301 千字	
	2024 年 10 月第 1 版　2024 年 10 月第 1 次印刷	
印　　　数	1-3000 册	
定　　　价	79.00 元	

　　2002 年秋季的清华园，在美术学院服装艺术设计专业大一的时装画课上，有一位女同学话不多但画得非常好，虽然课上师生接触的时间很短，但可以强烈地感受到她有扎实的绘画基本功和鲜明的艺术个性，她就是温馨。温馨完成了清华美院本科、研究生的学业后去香港理工大学做助理研究员，之后去湖北美术学院任教，其间我和她的联系并不多。再次关注到温馨是因为她的时装画作品，让我意外的不仅仅是她在繁忙的教学科研之余还能坚持时装画探索，还有她已经形成了极富个人魅力的艺术风格。她的时装画作品笔法洒脱自如又细腻翔实，兼具了女性视角的优雅特质与当代的时尚感，受到多个著名国际时尚品牌及时尚媒体、明星、模特的青睐，当年课上才气横溢的小女生俨然已经蜕变成具有全球影响力的时装画家。

　　2022 年秋，温馨回到清华美院继续攻读博士学位，在紧张繁忙的博士课题研究之余，她还承担了与我合作编著《敦煌服饰艺术图集·天人卷》画册的筹备、绘制等工作，在这些以数字绘画形式研究传统服饰文化的项目中，我发现她对于专业领域新技术、新方法的触觉非常敏锐，不仅对新出现的硬件、应用等了解并掌握，还进行了比较研究、完成了大量创作。温馨是个"工具控"，对绘画工具与材料有着强烈的探索欲。进入数字时代以后，她在诸多硬件、应用中选择了 Procreate 作为创作时装画的主要工具，这也反映了Procreate 之于设计师与时装画家的技术优势。使用 iPad+Procreate 绘制时装画的形式契合了当下设计师与时装画家的设计方式，温馨适时地掌握了这一工具，并将自己的经验汇集成书，分享给同行。工欲善其事，必先利其器。器欲尽其用，必先得其法。温馨的这本书就是"工、器、法"三者关系的体现，祝贺温馨这一成果的出版，也期待她有更多佳作呈现。

清华大学美术学院

染织服装艺术设计系主任、博士生导师

前言

本书是我创作的第二本时装画专著。作为一名时尚设计教育工作者和资深时装画迷，我深感技术进步对时装画发展产生的巨大影响，从时装画的作画工具、材料和设备到创作过程、技法和风格，都发生了翻天覆地的变化。

近年来，我投入了很多精力在 Procreate 时装画的创作、探索中，完成了数百张作品，其中不少已在个人社交媒体上更新和发布；同时，我与国内外多家品牌开展了商业插画项目，均使用 Procreate 完成创作，收获了良好的反馈。在 2021 年和 2023 年，我与中国服装设计师协会合作开办了两期 iPad+Procreate 时装画课程，帮助一些时尚行业的从业者、学生和爱好者学习并掌握 Procreate 时装画技法。在个人创作和教学实践中，我积累了一些心得体会，希望以更全面、系统的方式与更多读者分享，这也是我创作本书的初衷。书中呈现了大量近年来具有代表性的原创 Procreate 时装画作品，详细讲解了创作过程与方法。此外，随书附赠了我专用于时装画的笔刷、面辅料素材等学习资源，力求突出实用性和专业性。

全书分为 7 章，循序渐进地讲解了 iPad+Procreate 时装画创作中需要掌握的构思、工具、方法等，包括软件工具、时装人体、款式图、着装表现技法、材质与工艺表现、风格表现，以及主题时尚插画创作等。本书适用于不同专业背景的多类型读者。不过，对于不断更新的软件技术和功能而言，本书的内容是有限的。要想全面掌握 Procreate 时装画技法，创作出更新颖、独特的作品，还需要读者经年累月的练习和实践。

由衷感谢对本书成功出版提供帮助的师友们：感谢本书第 3 章的图文作者蔡主恩，他在书中与读者分享了很多宝贵的经验！感谢我在清华美院攻读硕士、博士阶段的两位导师肖文陵老师和李迎军老师，他们教导、鼓励我在专业领域不断成长，追求更高的理想！同时也感谢读者朋友们，感谢你们对本书的关注与认可，希望与大家一起体会时装画的魅力！

Shinn Wen

温馨提示

本书附赠资源可用微信扫描右侧二维码，关注微信公众号并输入本书第 77 页的资源下载码，根据提示获取。

博雅读书社

目录

第 1 章

Procreate
时装画及
软件简介

▶

01

时尚和艺术随着时代的发展日新月异，时装画作为时尚和艺术的桥梁，不断吸收新的技术和创作方式，展现出新的审美风潮和生活方式。

数字艺术随着计算机的发明而诞生，也随着计算机的更新换代而得以不断发展。新型创作载体的出现必然带来新的创作风格甚至是新的艺术领域，先进的平板电脑和灵敏度极高的触控笔为艺术家和设计师的创作带来了极大的便利。首先，人们可以利用碎片化的时间来创作，随时随地即兴发挥，这种即时性也会在画面中体现出来；其次，创作场所的限制消失了，设备的革新使原本需要在工作室才能创作的人们突破了空间限制，随处都可以工作，这样有利于融入更多的灵感；最后，创作者身份的限制也弱化了，原本需要经过长期培训和专业教育才能完成的创意类工作，借助先进的设备变得更加简单、易操作，使更多未经过专业训练的爱好者也能自由创作。

Procreate 绘画降低了艺术创作的门槛，弱化了艺术的边界，它不仅是一个艺术门类，更是当代人们沟通和交流的方式。

1.1 Procreate 时装画

当前，Procreate 已经广泛应用于国内外服装设计领域。根据不同的用途，Procreate 时装画可划分为时装设计效果图、款式图、时尚插画等多个门类，其中有一些不同于其他绘画类别的特殊性。本书主要结合软件功能，针对时装画特有的属性进行介绍。注意，本书编写时，是基于 Procreate 4.3.9 版本截取的图片，但随着软件版本的不断更新，操作界面会有变动，读者根据书中的思路举一反三即可。

1.1.1 Procreate 绘制时装画的优势

Procreate 是一款专业的绘画软件，具有以下几个明显的优势。

1 逼真的绘画笔刷

Procreate 具有丰富的笔刷，有软件自带的、有新开发的，还有创作者根据需要利用原有笔刷自制的。这些笔刷可模仿水彩、墨水、油画、丙烯、喷漆、蜡笔、粉笔、铅笔等多种真实作画材料的效果，使创作者不需要烦琐而复杂的绘画工具，仅用 iPad+Apple Pencil 就能随处创作。

2 丰富的灵感素材

使用 Procreate 作画时，从笔刷到字体，再到面料肌理和纸质颜色、底纹，可以根据创作习惯准备相关的素材，进而辅助画笔呈现更丰富的画面层次。例如，有些常用的服装面辅料可制成笔刷或图片直接使用，这不仅有助于表现出更加逼真的效果，还节省了绘画时间。

3 多变的艺术风格

在同一款软件中，画笔、底纹和工具的多样性，可以使创作者更加自由地发挥个性，创作出差异化的作品，

iPad + Procreate 时装画绘制与表现 从入门到精通

呈现出更多变的艺术风格。

④ 高效的工作方式

创作者只要提前做好准备，使用 Procreate 开始创作时，无须从一张空白的画布开始，而是可以基于一些素材，比如姿态人体、印花面料、背景图片等，因为很多素材可以通过局部调整和处理反复使用并推陈出新，这样就大大提高了工作效率。

⑤ 新奇的创作体验

每个笔刷都可以通过笔刷设置来改变它原有的属性，不同笔刷和技法的结合会带来全新的效果。创作者亦可以通过改变不同图层的颜色、对比度，结合一些后期处理的工具，来对已完成的画面进行修改。随着画面效果的快速改变，创作者如同打开一扇新世界的大门，收获全新的创作体验。

1.1.2　Procreate 时装画与传统手绘时装画的区别

Procreate 时装画与传统手绘时装画在完成效果上有一些共性，但是也有一些区别，只有了解这些区别，才能更好地凸显 Procreate 的性能优势。

① 画面效果的区别

使用 Procreate 绘制时装画时，由于结合了更多的数码特效，可以呈现出传统时装画难以达到的画面效果，比如更加鲜亮的颜色、更加丰富的肌理、更加强烈的对比、更加规整的形态、更加流畅和均匀的线条等。我们不应该一味地追求用 Procreate 模拟传统手绘时装画的效果，而是应该突出传统手绘不能达到的数码绘画特有的风格。

传统绘画在材料的选择上会有一些限制，比如使用水彩纸作画时，更适合使用水性颜料，不宜使用油性颜料。但是在数码绘画时，我们可以在水彩纸底纹上画出油画、油漆的肌理，或在木板底纹上画出水墨晕染的效果等。数码绘画突破了画材的限制，可以将一个作品处理成多样化的效果。

② 绘画步骤的区别

熟练掌握软件的应用后，可以根据其特性来设计新的绘画流程。例如，传统作画应该先调色再上色，而在数码绘画中可以先上色再调整；在传统作画时需要先勾勒轮廓，再沿着轮廓绘制内部的图案，而在数码绘画时却可以先画出完整的图案，再使用橡皮擦擦去轮廓以外的部分等。

③ 创作构思的区别

在使用 Procreate 创作时，应该改变传统的作画的思路，尽量凸显数码绘画和传统手绘作画的区别，否则难以发挥软件的优势。例如，在纸面上，用不同的绘画工具画出肌理和笔触效果可能比平涂更容易，但在使用 Procreate 作画时，平涂颜色则比画出肌理更容易，所以可以利用平板电脑擅长表现规整的视觉效果来突出作品的当代性和未来感。

1.2 Procreate 快速上手

1.2.1 熟悉 Procreate 的主要工具

1 画布

打开 Procreate 软件后，界面保留着之前所有的画布和作品，点击右上角的"+"按钮会出现"新建画布"面板，可以直接使用之前设置过的画布尺寸，也可以点击"创建自定义大小"来设置。

为了使作品的应用范围更广，需要将画布设置得尽可能大，同时将分辨率（DPI）设置为 300 及以上。但要注意，画布越大，文件中可操作的图层越少，因此要根据每次作画的需求来设置。通常选用"厘米"作为单位，这便于打印时设置尺寸。笔者常设置画布的宽度为 45 厘米，高度为 45 厘米，DPI 为 300，此时最大图层数为 15。

绘画过程中，如果出现图层不够用的情况，可以通过点击"操作 > 裁剪并调整大小"来修改画布的尺寸，从而获得更多的图层。例如，在分辨率不变的情况下，将画布缩小至宽度为 35 厘米、高度为 35 厘米后，图层有 27 个。

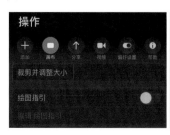

2 图层

使用图层功能可以对绘画过程中不同的区域、步骤和内容分别记录并调整。例如，作画时把草稿和勾画的线稿放在不同的图层中，完成最终的线稿后就可以删除草稿。将勾线与涂色分成两个图层，可以单独变化不同图层的颜色。平涂的颜色和绘制阴影的颜色放在不同的图层，可以单独改变平涂的颜色。图层较多更易于操作，所以在作画时要习惯分多个图层。

需要注意的是，图层还有不同的混合模式可以选择。点击图层，会出现"不透明度""正常""正片叠底"等多个选项。其中，"正片叠底"可以使选中的图层与其下面的图层自然叠加，这一模式十分常用。通过设置图层的"不透明度"可以调整不同图层之间的强弱关系，这一功能在绘制透明薄纱时十分常用。

绘制不同的人物时，除了区分图层，还可以对不同人物进行分组，把同一个人物的所有图层分在一个组里，对其进行统一移动和缩放。多余的图层和不再需要修改的多个图层及时合并，以免后期图层不够用。

最底下有一个"背景颜色"图层，该图层无法移动。点击"背景颜色"图层，可以随时调整并选取新的背景颜色。

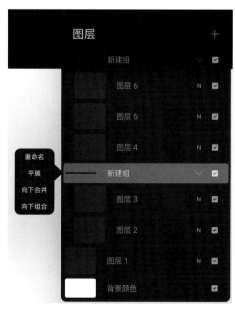

3 操作

　　界面左上角的"操作"按钮 🔧 是软件中常用的基本工具。点击"操作"按钮，"添加"可以在画布中插入照片，"画布"可以调整画布大小或者翻转画布，"分享"可以将绘制完成后的作品存储为不同的格式。

4 调整

　　界面左上角第二个按钮是"调整"按钮 🪄，也十分常用。先选择一个特定图层，然后可以进行"不透明度""高斯模糊""锐化""溶解""色调、饱和度、亮度""颜色平衡""曲线""重新着色"等调整。这些工具能够帮助我们在作画过程中不断调整局部的色彩和质地，需要反复尝试、实践，熟能生巧。

5 选取与变换变形工具

　　界面左上角第三个按钮是"选取"按钮 **S**，第四个按钮是"变换变形工具"按钮 **↗**。下面演示如何使用这两个工具对某个图层的局部进行调整。

　　选中"图层 4"，然后隐藏其他与绘制人物相关的图层，此时可以看到人物的嘴唇、眼睛和部分肤色在同一个图层中。这里只想改变嘴唇部分。

　　使用"选取"工具中的"手绘"功能细致地勾勒出嘴唇的轮廓，可以看到嘴唇周围出现了一圈闪动的虚线，这表示嘴唇已经被选中。

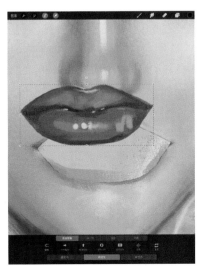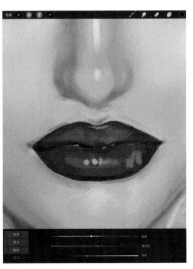

　　点击 **↗** 按钮，可以看到"选取"和"变换变形工具"两个按钮同时变成了蓝色，这表示它们都在发挥作用。使用"自由变换"功能，可以单独移动嘴唇的位置或者变换其大小，同一图层中的其他区域没有改变。

　　点击"调整 > 色调、饱和度、亮度"，可以单独改变嘴唇的颜色，同一图层中的其他部分不受影响。如果要取消选区，就在"选取"按钮上点击一下。

6 涂抹与橡皮擦

界面右上角第二个按钮是"涂抹"按钮，第三个按钮是"橡皮擦"按钮。

从下面的演示中可以看到黑色背景笔触十分清晰，"涂抹"工具可以对不需要的笔刷肌理进行处理，使其变得柔和，它类似于素描中的纸擦笔工具。"涂抹"工具的大小和轻重可以通过左侧的纵向工具条来调整。

画面中的背景与人物的脸部轮廓划分不清晰，"橡皮擦"工具可以擦除多余的部分，从而重新呈现出清晰的脸部轮廓。"橡皮擦"工具实际上可以被理解成消除型的画笔，其笔刷、大小、轻重都可以灵活调整。

7 颜色

界面右上角的小圆点是"颜色"按钮，可以根据习惯使用"磁盘"或者"调色板"。

"磁盘"能够更加精准地选取颜色的色相、明度和饱和度。若选到心仪的颜色，就可以点击下方的调色板记录下来。

切换至"调色板"时，会呈现出以往使用过的调色板，可以对调色板进行重新命名，并保存或者分享给好友。

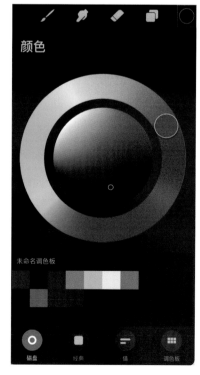 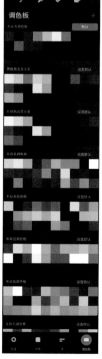

1.2.2　笔刷介绍

作为一款专业的绘画软件，画笔工具无疑是非常重要的。除了 Procreate 自带的笔刷，书中所用的笔刷可在本书的附赠资源中找到。

1 笔刷的分类

绘制时装画时，使用的笔刷具有一定的特殊性，与其他类别的绘画有所不同。每种笔刷的作用并不是单一的，同一笔刷在调整大小和不透明度后可以呈现出截然不同的效果。磨合和熟练掌握不同笔刷的常见用法后，可以开发新的使用方法。根据用途，可以将笔刷大致分为勾线类、上色类、印章类、底纹类、氛围类和服饰专用类等。

勾线类：无论是起稿还是勾勒轮廓线，有些笔刷的笔锋和质感很有特色，可以绘制出个性十足、风格强烈的线条和笔触。"起稿铅笔"笔刷组是笔者根据使用需求改变了设置而自制的一系列笔刷，它们的用途各不相同，可以满足从起稿到上色，再到背景阴影处理等多种需求。

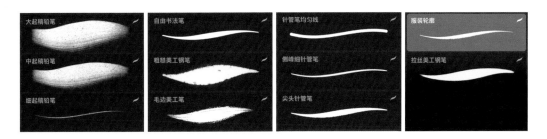

上色类：在给某一区域上色时，不仅需要笔触具有一定的面积，还需要笔刷有不同的肌理和层次效果。本书提供的笔刷中，有一些较常用，接近真实画材的质地，如油画笔、马克笔、铅笔、蜡笔、色粉笔、炭笔等，它们适用于表现服饰材质。

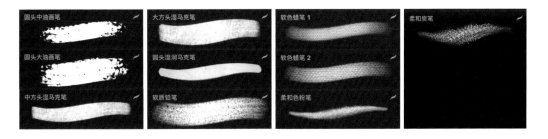

印章类：这类笔刷与前两类不同，它们本身的形态、质地是独立的，只能单独使用，不宜连续使用或者反复使用。使用印章类笔刷时，每点一下要设置一个新的图层，这样就可以单独编辑，如改变其大小、颜色、形状和不透明度。

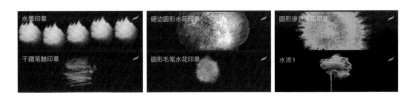

底纹类：底纹类笔刷可用于改变纸质或者服装面料的肌理。使用该类笔刷的时候，笔尖不要离开屏幕，直到所需区域全部铺满方可离开屏幕；也不要重叠绘制，这样才能画出没有笔触和接缝的均匀底纹。

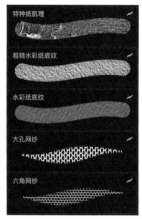

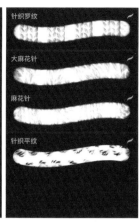

氛围类：绘制背景或者环境效果的时候，需要一些较为松散的笔触来凸显画面的氛围。氛围类笔刷的笔触比较随机，没有固定的形态和位置，每绘制一笔要一气呵成，如果下笔没有达到理想的效果，马上点击"撤销"，重新绘制。

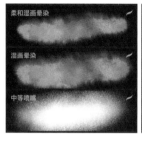

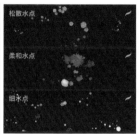

服饰专用类：绘制时装画时，需要一些特殊的笔刷来展现服饰线迹、工艺和材料，使质地更逼真。

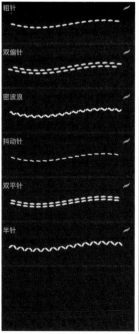

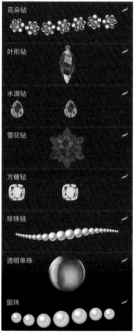

2 笔刷的设置和制作

由于画布尺寸不同，每次开始作画时要根据不同情况设置画笔的大小和不透明度。同时，可以点击笔刷右上角的小图标来改变其属性。在调整原有笔刷前，应先对笔刷进行复制，否则一旦改变了原有笔刷的设置就无法还原了。

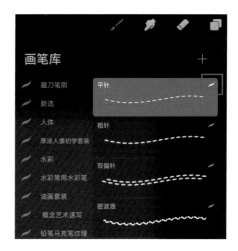

要制作新笔刷，先在正方形的画布上绘制所需要的图案、纹理或者形状，保存成 JPG 格式图片到相册；然后选择类似想要的笔刷进行复制，接着在复制的笔刷中设置"形状来源"为刚刚保存在相册中的正方形 JPG 格式图片，新笔刷就制作完成了。

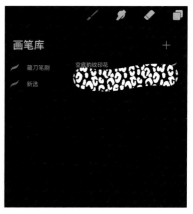

如果想要制作印章类的笔刷，也可以先选择一个类似的笔刷，复制后进行制作。例如，设计一个原创的蕾丝图案，将其制作成笔刷后，可以重复使用，提高工作效率。先在正方形画布上用鲜明的单色（不包括黑色和白色）绘制一个构图饱满的蕾丝图案，并保存为 JPG 格式文件到相册。然后复制一个已有的"蕾丝花叶"笔刷，在复制的笔刷中设置"形状来源"为新绘制的蕾丝图案图片，这样就变成了一个新的蕾丝图案印章，点击笔刷的名字进行重命名，完成制作。

1.2.3 常用技法

有一些非常典型的绘画和图像处理技法对于 Procreate 时装画绘画非常实用，下面将介绍其原理和步骤。

1 勾线平涂法

勾线平涂不仅可以用于为一些区域快速平涂色块，还可以用于绘制一些特殊的形状和需要编辑的区域。

在下面的案例中，人物服装、首饰、头饰部分有一些金色的质感，绘制的时候将金色部分用勾线平涂法画出一个区域，便于上色和材质表现。在"图层 4"中用"新选 / 勾线平涂"仔细勾勒所有金色的轮廓，并绘制成封闭的区域，然后把右上角的颜色拖到封闭区域中，平涂填色就完成了。

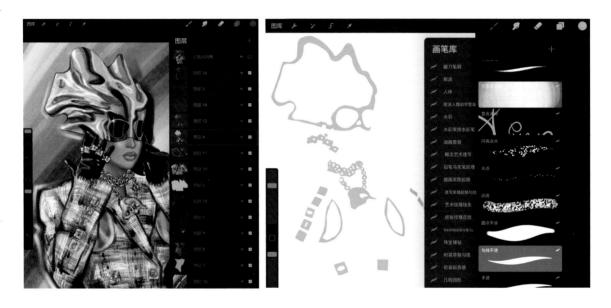

把所有的金色部分都填好颜色以后，点击图层，调出图层左侧选项栏，点击"选择"，然后新建"图层 12"，在"图层 12"中绘制影调。注意，点击"选择"后，绘制时不会画到选区以外的部分。

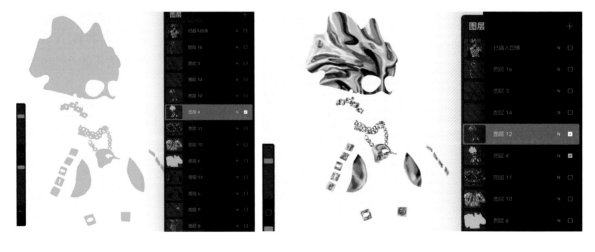

2 蒙版法

　　蒙版法在 Procreate 时装画表现局部材质和营造氛围替换照片时颇为实用。使用蒙版法时，先用不透明的实色画笔精准地绘制需要处理的区域，这个区域可以直接替换成所需要的照片。以下案例是将蕾丝替换成金色闪粉的材质，即以金色闪粉图片作为蕾丝的蒙版。为了看得更清楚，画布中使用了黑色背景颜色。

01 新建图层，使用任意一种颜色绘制要替换的区域，此处直接使用"新选 / 水溶蕾丝"平铺画布。注意要替换区域的不透明度和最终替换区域的不透明度是一致的。

02 在上层新建图层，导入金色闪粉图片，注意图片必须覆盖所有要替换的区域。然后将图片调整至理想的颜色、对比度等。

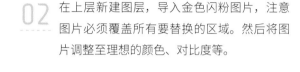

03 点击要替换区域的图层（"图层 1"），点击"选择"，这时该区域已经被选中。

04 选中要替换的区域后可以看到，"选取"按钮 5 变成了蓝色。点击金色闪粉图片，即"图层 2"，然后点击"蒙版"。

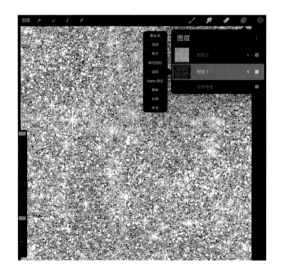

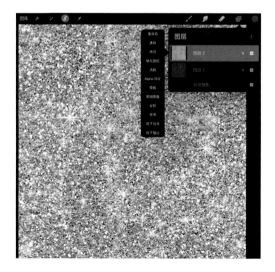

05 此时可以看到"图层2"的上方多出了一个"图层蒙版"图层，蕾丝区域已经替换成了金色闪粉图片的肌理。

06 将"图层蒙版"向下与"图层2"合并，删除"图层1"，替换操作完成。

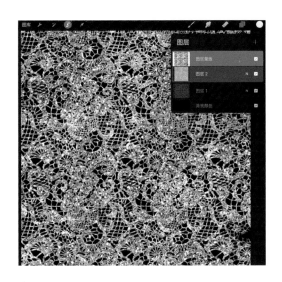

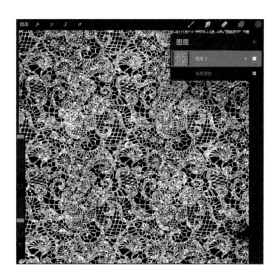

第 2 章

Procreate
时装人体
表现

▶

02

时装画

时装人体是时装画中非常重要的部分，同时也是较难表现的部分。时装人体不同于真实的人体，它有着夸张、理想和极致等特殊性，因而表现方式也十分特别。本章将从时装人体的比例、姿态、上色、细节和着装等方面展开讲解。Procreate 为时装人体部分的表现带来了极大的便利，工具的进步和方法的更新，不仅极大地提高了绘画的效率，还便于探索更多不同于传统表现的新绘画方法，从而创造出更多新颖的视觉效果。

2.1　时装人体比例

为了更好地突出时装的美感，时装画中的人体在真实人体比例的基础上进行了简化、夸张和理想化的处理，具有一定的规范性。绘制时装人体以"头长"为单位，真实人体为 7~8 头身，时装人体为 9~10 头身，甚至更长。绘制时装人体时仅注意身高是不够的，还要注意人体每个部分的长度比例，否则会影响整体美感。无论是躯干与四肢的比例、手臂与躯干的比例、大腿与小腿的比例，还是胸腔与盆腔的比例，都要严格按照标准的长度来表现，这样才能够保证时装人体比例的和谐与美感，这是人们经过长期观察和研究得出的结论。

2.1.1　女性人体比例

绘制时装人体时，可以利用 10 个等分格来标出 10 头身的人体比例，确保构图大小和位置适中。画面左边的数字 1~10，每个数字代表 1 个头长。女性时装人体的身高通常为 9.5 个头长（含高跟鞋），腿部以上部分为 4 个头长，腿部为 4.5 个头长。具体分布如右图所示。

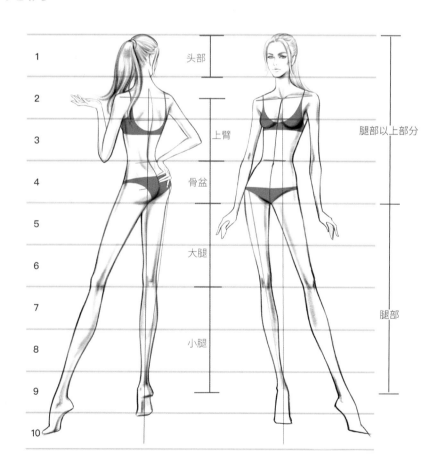

（1, 2, 3, 4, 5, 6, 7, 8, 9, 10；头部、上臂、骨盆、大腿、小腿；腿部以上部分、腿部）

iPad + Procreate 时装画绘制技法从入门到精通

2.1.2 男性人体比例

男性时装人体的比例与女性的相差不大，也为 9 个头多一点，但是男女体型特点相差较大。女模特躯干部分形似沙漏，肩与胯部基本同宽，腰部较细，颈部与四肢纤细修长，线条连贯且柔和。男模特躯干呈现倒梯形，肩部宽厚，腰胯较窄，颈部与四肢显得粗壮。具体分布如下图所示。

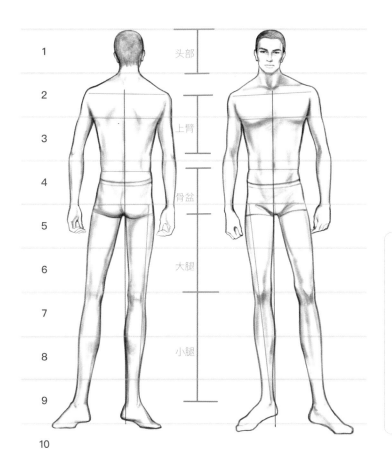

提示 →

单独绘制女性时装人体和男性时装人体时，都需要按照 9~10 个头长的比例来绘制。如果男女在一个画面中出现，男性的头部要略大于女性，并且男性一般高于女性。

在绘制时，可以先定出男模特和女模特的头顶和脚底的位置，即身高，然后进行 9 等分。

2.2 时装人体姿态及人体绘画笔刷

时装人体姿态对于时装画的生动程度、艺术性和画面风格都有较大的影响。时装人体姿态具有强烈的艺术表现力，是时装画中不容忽视的部分。绘制时装人体姿态时，除了加强训练，还需要掌握正确的方法来提升画面效果。运用 Procreate 绘制时装人体，可以先花更多的时间来尽可能绘制出完美的多个姿态，然后将它们转化为时装人体姿态笔刷存储在设备中。这样一来，每次绘制时就不需要重新绘制人体姿态，而是可以用相应的笔刷直接画出再进行细节修改，从而快速得到更多新的人体姿态。

2.2.1　时装人体姿态

时装人体姿态千变万化，有两类很常用，即站立姿态和行走姿态。绘制时装人体姿态时，有以下几条关键的辅助线。

重心线：从颈窝向地面作一条垂直线，这条线必须落在两腿之间，或者某一只脚上，以保持人体重心平稳。

躯干前中心线：从颈部穿过颈窝、前胸、肚脐，它左右平分人体，呈现出躯干的整体方向和动态，由于腰部有可能弯曲，所以这条线也可能随着腰部弯曲而变化。

两肩点连线：从两边肩头作一条连线，呈现出肩部的动势方向。

胸围线：胸部最丰满的一圈，与两肩点连线平行。

腰围线：腰部最细处的一圈，在人物发生动态时腰围线通常与两肩点连线、胸围线倾斜的方向相反。

臀围线：臀部最丰满的一圈，与腰围线平行，对于绘制人体动态而言，两肩点连线和臀围线的方向和倾斜度决定着人体姿态。

1 站立姿态

站立的姿态是模特在秀场上定格或者时装摄影摆拍时常见的姿态，易于展现服装的设计特点。四分之三侧面、侧后或者背面可用于展现服装的不同角度。

站姿多呈现出单腿承受身体重量的状态，表现为松弛而优雅的体态。人体承受重量的一侧臀围线高，两肩点连线低，另一侧则相反。

单腿承受身体重量的姿态可根据躯干部分的不同动势分为骨盆突出体和骨盆内收体两大类。

骨盆突出体：躯干部分向后倾斜，骨盆前送，人体躯干前中心线较直，腰部弯曲程度小，人体重心线落在受力的脚上。不受力一侧的腿和手臂较为自由。

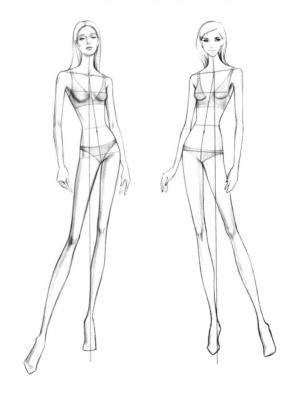

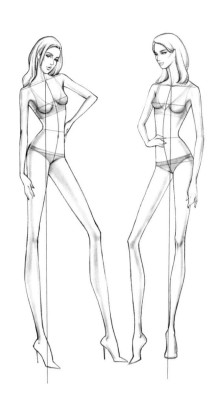

骨盆内收体: 重心落在一条腿上, 肩部向后靠, 腰部前送并且弯曲, 骨盆向后收, 人体躯干前中心线在腰部呈现出明显的弯曲。臀围线较高一侧为受力腿, 重心线落在受力一侧的脚上, 两肩点连线、胸围线倾斜的方向与腰围线、臀围线相反。不受力一侧的腿和手臂的动作可灵活变化。

在绘制侧后站姿时, 要先绘制几条重要的辅助线。从侧面看, 由于胸背挺直向后靠, 受力腿呈现出向后倾斜的状态, 以保持重心的平稳, 重心落在受力一侧的脚上。

有时模特腿部会稍稍弯曲, 以加大动势来增强表现力。在腿部弯曲的情况下, 重心线依然要稳稳地落在受力的脚上或者双腿之间。

2 行走姿态

时装画中, 行走的姿态也颇为常见, 而且因为是行走时抓拍的状态, 显得更为轻松自然。但是需要注意, 抓拍的姿态并不一定是模特最完美的状态, 无论是镜头的角度、双手的姿势还是模特的表情, 都有可能存在瑕疵, 所以需要总结这些姿态的规律以描绘出更理想化的状态。

正面行走: 秀场照片多为这一姿态。哪条腿在前, 那一侧的骨盆就较高, 臀围线上提, 两肩点连线则向下倾斜, 躯干前中心线从颈部向前面腿的这一侧倾斜, 重心落在受力的脚上。

秀场照片中, 模特的动势有时不够夸张, 躯干前中心线倾斜得不够, 可以在绘制的时候夸张表现, 以加强动感。

侧面行走：从侧面看，行走时重心线落在双腿之间，因为在行走过程中，人体的重心在两腿之间来回切换。为了表现动势，这一视角下的两肩点连线和臀围线的方向通常也是相反的，由于透视，离观者较远一侧的腿从视觉上看要稍短于离观者较近的腿。

2.2.2　时装人体姿态绘画笔刷

1 笔刷的设置

掌握时装人体姿态的基本表现原理后，我们可以将常用的姿态制作成人体姿态笔刷，存储在 Procreate 笔刷库中。设置好后，在空白画面中轻点一下就会出现一个完整的人体姿态，然后使用变换变形工具将其调整至所需大小；也可以使用"新选 / 中起稿铅笔"对其进行修改或者完善。以下为不同姿态对应的笔刷。

人体 / 骨盆突出体 3　　　人体 / 骨盆突出体 2　　　人体 / 侧面行走 2　　　人体 / 侧面行走 3

② 笔刷的运用

时装人体姿态笔刷除了可以在绘制着装时装画时作为人体起稿的工具，还可以直接进行加工后用来完成时装人体主题的时装画。

01 在正方形画布上新建两个图层，分别在不同图层使用"人体 / 骨盆突出体 3"和"人体 / 侧面行走 3"笔刷画出人体姿态线稿，并调整至合适的大小和位置。设置肉橘色的画布颜色，用"新选 / 中起稿铅笔"描绘人体的暗面阴影和亮面高光，完成一幅具有色卡纸彩铅绘制效果的立体人体时装画。

02 在正方形画布上新建五个图层，在不同图层上分别使用"人体 / 侧背面""人体 / 正面行走 2""人体 / 正面行走 1""人体 / 正面行走 3"和"人体 / 骨盆突出体 3"笔刷画出人体姿态线稿，使用变换变形工具调整每个图层人物的大小和组合关系，将画布颜色设置为肉粉色。新建图层，用"新选 / 手迹"沿着人体的轮廓自由地勾勒轮廓线，再使用银色闪粉图片素材和蒙版工具为线条增加闪粉效果，使用"新选 / 十字闪光"在局部点一些光点，完成绘制。

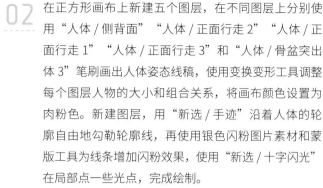

2.3 时装人体上色及彩色模板

绘制完整的彩色时装人体亦可借助人体姿态笔刷来起稿，通过改变模特的五官、发型或者身体局部细节来快速完成新的时装人体姿态线稿，上色以后该文件可以单独保存为彩色模板，复制文件可以作为新的时装画的模特模板反复使用。

2.3.1　中明度肤色模特走秀姿态

这是一位正面行走的披发模特，通过以下四个主要步骤来完成彩色模特形象的绘制。

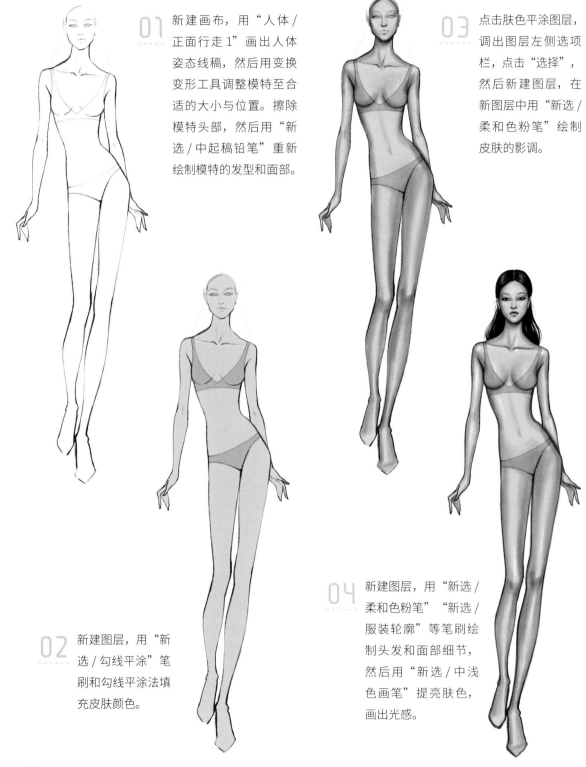

01　新建画布，用"人体 / 正面行走 1"画出人体姿态线稿，然后用变换变形工具调整模特至合适的大小与位置。擦除模特头部，然后用"新选 / 中起稿铅笔"重新绘制模特的发型和面部。

02　新建图层，用"新选 / 勾线平涂"笔刷和勾线平涂法填充皮肤颜色。

03　点击肤色平涂图层，调出图层左侧选项栏，点击"选择"，然后新建图层，在新图层中用"新选 / 柔和色粉笔"绘制皮肤的影调。

04　新建图层，用"新选 / 柔和色粉笔""新选 / 服装轮廓"等笔刷绘制头发和面部细节，然后用"新选 / 中浅色画笔"提亮肤色，画出光感。

2.3.2 低明度肤色模特走秀姿态

在使用人体姿态笔刷时，可以根据需要用"自由变换 > 水平翻转"功能来改变人体动态的方向。

01 新建画布，用"人体 / 正面行走 2"画出人体姿态线稿，然后用变换变形工具调整模特至合适的大小与位置。接着用"自由变换 > 水平翻转"功能改变人体姿态的方向，并擦除模特头部，用"新选 / 中起稿铅笔"重新绘制模特的发型和面部。

03 点击肤色平涂图层，调出图层左侧选项栏，点击"选择"，然后新建图层，在新图层中用"新选 / 柔和色粉笔"绘制皮肤的影调。

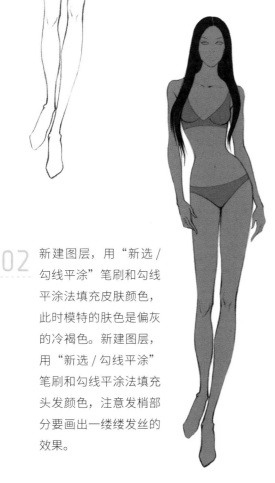

02 新建图层，用"新选 / 勾线平涂"笔刷和勾线平涂法填充皮肤颜色，此时模特的肤色是偏灰的冷褐色。新建图层，用"新选 / 勾线平涂"笔刷和勾线平涂法填充头发颜色，注意发梢部分要画出一缕缕发丝的效果。

04 新建图层，用"新选 / 柔和色粉笔""新选 / 服装轮廓"等笔刷绘制头发和面部细节。用"新选 / 中浅色画笔"提亮肤色，画出光感。

时装人体绘画细节表现

头部、手和脚是时装人体的主要细节，其中头和手最为重要，也是较难表现的部分。

2.4.1 头部造型与上色

头部占时装人体的九分之一左右，有时会成为时装画的焦点，不同风格的画面对于头部会有不同的处理方法，但是一般情况下，特定的头部画好以后同样可以设置为笔刷，方便后期反复使用。

1 头部造型

虽然每个人的面部各具特色，但是头部骨骼和五官分布有着一些基本比例关系。时装画中的头部可以是千篇一律的，也可以是个性化的。

01 新建正方形画布，用"新选 / 中起稿铅笔"绘制面部红色和蓝色的辅助线。在头顶到下巴二分之一处画眼睛，在头顶到下巴六分之一处画发际线，从发际线到下巴进行三等分并在等分线上方分别画眉毛和鼻底。面部为鹅蛋形，额头向内收，下颌骨比额头窄，下巴内收，画出颈部和双耳。

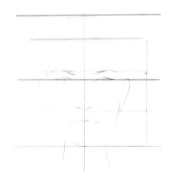

02 用"新选 / 中起稿铅笔"完善五官，注意加深眼窝、上眼睑、鼻底和嘴唇，打造立体感。

03 复制面部图层，将其混合模式设置为"正片叠底"，然后将两个图层合并，使铅笔稿的明暗对比更加强烈。

04 继续完善模特的头部，由于头骨是球体结构，所以要注意将头部轮廓画对称。

将该案例完成稿制作成"人体 / 模特面部"笔刷。

2 发型

运用作者制作好的"人体 / 爆炸头模特头部"和"人体 / 丸子头模特头部"笔刷进行发型和妆容的变化练习。注意直发发量显少,卷发发量显多。

在铅笔稿的基础上新建图层,用"新选 / 勾线平涂"笔刷和勾线平涂法上色,头发、皮肤和五官的颜色要分别绘制在不同的图层上。运用具有影调的铅笔稿时,不需要用彩色绘制太多的暗面颜色,但是可以通过提亮来凸显质感。

3 头部上色基本步骤

给模特头部上色时应遵循概括、简化、突出的原则,尽可能少地使用笔墨来达到更好的效果。本案例是一位金发深肤色的模特,突出眼睛,而头发和皮肤概括表现即可。勾勒人物的头部时可以使用深棕色而不是纯黑色,这样轮廓线和肤色更为协调。

01　新建正方形画布,用"新选 / 中起稿铅笔"勾勒头部,注意绘制出素描阴影效果。

02　新建两个图层,用"新选 / 软色蜡笔 1"分图层为皮肤和头发上色,注意头发部分需要区分固有色和暗部颜色。

03 新建图层，用"新选/平画笔"描绘眼睛、嘴唇，眼白部分用灰色，靠近上眼睑的部分颜色要深，用同一笔刷通过调整不同大小和不透明度画出五官的高光。刻画肤色和头发。

04 新建图层，用浅褐色结合"新选/轻触"笔刷点出脸颊和鼻子上的雀斑，用"新选/中起稿铅笔"加深头发在皮肤上的投影，用"新选/平画笔"进一步绘制眼妆和眼珠。

4 头部线稿与运用

无论是人物头部笔刷还是直接绘制的人物头部线稿，都可以将其进一步完善成简单且有底色的肖像。

本案例运用"人体/模特面部"表现出线稿，将背景底色设置为肉灰色，用"新选/中等喷嘴"耐心地沿着头部两侧画一些雾状的阴影，用比背景浅一些的颜色将面部稍稍提亮。

本案例是在素描纸上绘制的铅笔稿，经扫描后导入 iPad，再导入正方形画布中。

①设置背景色为肉粉色，新建图层，用 "新选 / 粗糙水彩纸底纹" 表现背景。

②用 "新选 / 圆头大油画笔" 绘制头部两侧的背景。

③用 "新选 / 中起稿铅笔" 绘制发色、五官和面部高光。

④用 "新选 / 毛边美工笔" 绘制人物头部的白色轮廓光。

⑤用 "新选 / 服装轮廓" 绘制耳饰。

本案例是在素描纸上绘制的铅笔稿，经扫描后导入 iPad，再导入正方形画布中。

①设置背景色为灰粉色，用半透明 "新选 / 粗糙水彩纸底纹" 表现背景。

②用 "新选 / 中起稿铅笔" 绘制头发的固有色和高光，以及面部的阴影和五官。

③用 "新选 / 圆头大油画笔" 在头部两侧绘制一些同色调阴影。

④用白色 "新选 / 水渍 1" 画出画面左边的白色背景肌理，并用变换变形工具调整至适宜的大小。用相同的方法画出右边的白色背景肌理。

⑤用 "新选 / 圆头湿润马克笔" 绘制耳饰。

⑥用 "新选 / 勾线平涂" 沿着人物的头发和耳饰勾勒一些随意的线条，用玫瑰金色闪粉图片素材和蒙版工具将线条变成闪粉效果，完成绘制。

2.4.2　头部与手的表现

　　除头部外，手部也是时装人体中不容忽视的细节，需用简化、概括的方式表现。时装画中手部的姿态往往较为夸张，富有艺术表现力。

01　新建正方形画布，用"新选 /
服装轮廓"绘制人物头部及衣
领的草稿。新建图层，用"新
选 / 柔和色粉笔"涂抹皮肤、
腮红和嘴唇。

02　新建图层，画出
眼睛、眉毛和睫
毛等，总体保持
柔和的色调。

03　新建图层，用"新选 / 短发"
绘制人物的头发，注意头
发的颜色是荧光绿到黑色
的渐变，发梢部分要表现
出自然弯曲的造型。

04　新建图层，用浅灰色"新选 / 柔和
水点"笔刷绘制绒毛呢质感的服装。
新建图层，用"新选 / 圆头湿润马
克笔"绘制项链、胸针等饰品。

05　新建图层，用"新选 / 小浅色画笔"提亮眼部、唇部
妆容及饰品上的宝石等。在人物底层新建一个图层，
用低不透明度的深色"新选 / 中浅色画笔"笔刷沿着
模特的头部画出深色的投影，同时为项链、胸针和耳
环等增加暗部。

06 在同一画布上新建图层，参照脸的大小画出适合模特的双手和部分袖子，用"新选 / 服装轮廓"勾勒轮廓。新建图层，用"新选 / 柔和色粉笔"绘制手的肤色，注意手指和手背部分加深颜色表现关节，根据长方体的结构绘制手指的明暗。

07 新建图层，用"新选 / 中方头湿马克笔"绘制指甲，注意留出细长的高光。用深肤色"新选 / 柔和色粉笔"勾勒手部轮廓并表现手部的暗部。

08 新建图层，用"新选 / 水溶蕾丝"绘制蕾丝手套，用"新选 / 服装轮廓"和"新选 / 圆头湿润马克笔"绘制戒指，用"新选 / 小浅色画笔"和"新选 / 十字闪光"画出饰品和指甲的高光。

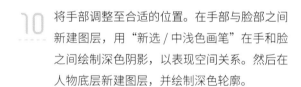

09 将以上手部的所有图层组合。

10 将手部调整至合适的位置。在手部与脸部之间新建图层，用"新选 / 中浅色画笔"在手和脸之间绘制深色阴影，以表现空间关系。然后在人物底层新建图层，并绘制深色轮廓。

除了白色背景，也可以根据需要尝试其他颜色（如灰色）的背景，使画面呈现出不同的视觉效果。

2.4.3　单人彩色时装画肖像

全身的时装画中，人物的头部通常不会过多描绘，而是以较为简约的方式处理。但是 Procreate 有丰富的笔刷和多样化的工具，十分适合绘制肖像。该案例是一位黑人歌手为某时尚杂志拍摄的大片，绘制风格较为写实而深入。

01 新建正方形画布，用"新选 / 中起稿铅笔"绘制人物和服装的铅笔稿。新建图层，用"新选 / 湿亚克力"绘制人物的肤色和发色，同时加深面部、颈部等的阴影。

02 新建图层，用"新选 / 柔和色粉笔"绘制眼睛和嘴唇。新建图层，用"新选 / 软质铅笔"给纱质服装上色。

03 新建图层，用"新选 / 中起稿铅笔"深入描绘服装的结构与层次。新建图层，用"新选 / 湿亚克力"加深头部，表现出层次感。

04 在人物底层新建图层，用"新选 / 大羽毛"绘制背景，注意最贴近人物的部分颜色最深。纱质服装的底层也要画背景色，可以隐约透出来一点底色，凸显面料的质感。

05 按照之前的步骤加深人物、服装的明暗对比，表现出层次。新建图层，用"新选 / 中浅色画笔"沿着人物的轮廓勾画深黑色的暗部，并绘制耳饰。

2.4.4　双人彩色时装画肖像

　　有些人物肖像具有一定的组合关系，该案例是两位模特在拍广告片，在构图时需要合理地处理她们各自的位置和相互之间的关系。

01　新建正方形画布，用"新选/服装轮廓"勾画草稿。

02　调整人物的大小，并完善轮廓线。新建图层，用"新选/湿亚克力"绘制模特面部的阴影。

03　新建图层，用"新选/柔和色粉笔"平涂两位模特的肤色，注意空出画面右边人物面部的浅色部分。

04　新建图层，用"新选/柔和色粉笔"加深人物皮肤的暗部并细化眼妆。注意笔触连接不够柔和的部分可以用涂抹工具进行过渡处理。

05 调整人物的肤色和眼部。接着新建图层，用"新选 / 柔和色粉笔"绘制头发。绘制黑色的头发时，先用灰色涂抹大面积的受光面，再用深褐色画暗面，要沿着梳头的方向用笔。注意扎起来的头发的发际线部分要柔和，并画出头发生长的走势。

06 新建图层，用"新选 / 柔和色粉笔"继续细化模特的眼部和唇部妆容，注意根据人物的五官结构来表现妆容的立体感。进一步完善头发。

07 新建图层，用半透明"新选 / 水彩纸底纹"涂满模特的黑纱衣服，用"新选 / 湿亚克力"绘制服装的边缘、暗面和褶皱。在皮肤图层上用"新选/中浅色画笔"提亮肩部。在人物底层新建图层，用"新选 / 大羽毛"绘制蓝灰色的背景，注意用笔要自由飘逸，在两张脸之间要有笔触衬托。

2.5 时装人体着装表现

时装人体是时装画的基础。在进行着装表现时，创作者要清楚地知道人体被服装遮挡部分的形态。当模特身穿一些轻薄、较透明的服装时，需要先画出完整的人体，再进行着装表现。

2.5.1 行走姿态着装

在给人体着装时，要先用轮廓线表现服装的造型、结构、褶皱、重量和动势等。不同材质的服装需要使用不同的轮廓线，比如硬朗的材质要用较粗且较直的线条，没有太多褶皱；而柔软轻薄的材质用线细而弯曲，褶皱较多。绘制褶皱的时候要注意理性分析人体结构，而不是被动地参照素材照片。褶皱一般出现在人体的关节部位，如腰部、肘部、膝盖、脚踝、手腕、腹股沟、腋下等。描绘褶皱时要遵循人体的运动方向，也有一些要遵循重力的方向，以及随着风吹动的方向或受力拉扯的方向等。

该案例是一条半透明的粉色纱质连衣裙，裙摆体量大，人物是正面行走的姿态。人物的皮肤没有运用勾线平涂法上色，而是运用 2.4.3 小节肖像画中一层层叠加的方式描绘。

01 用"新选 / 湿亚克力"给行走的人体上色，胸部、腰部和腿部都留出高光部分。新建图层，用"新选 / 中起稿铅笔"勾勒连衣裙，裙摆轮廓和褶皱用曲线，注意腰部有大量的抽褶。新建图层，用勾线平涂法把整个裙装部分填充粉色，注意留出手部。

02 将粉色图层的不透明度调至 40% 左右，使其呈半透明的状态。

03 选中裙装平涂图层，新建图层，在新图层中用"新选／大羽毛"顺着裙子飘动的方向画出褶皱和阴影，注意笔触要柔和。新建图层，用"新选／中浅色画笔"绘制项链及头上的饰品。

04 为人物的头部添加网纱，并细化项链。在人物底层新建图层，用"新选／中虚幻背景"绘制背景的灰色和地面的阴影，注意线条的方向要与裙子飘动的方向一致。

2.5.2 站立姿态着装

该案例是一位身着抽褶纱礼服的模特，人物是骨盆内收体的姿态，服装是纱质的，所以需要完成整个人体部分的明暗和细节再为其着装。

01 绘制人物的头部和姿态线稿。该姿态见"人体 / 骨盆内收体 4"，人物头部见"人体 / 模特头部 Anya"。

02 为人体进行上色后，画出裙装线稿。新建图层，用勾线平涂法勾勒整个裙装并填入黑色。把该图层的不透明度降低至 40%，使其变为半透明纱裙效果，透出人体。

03 新建图层，绘制裙装背面，表现出层次感。

04 新建图层，选中裙装图层，在新图层上用"新选 / 中起稿铅笔"
画出裙装上半身的抽褶和下半身的垂褶，注意上半身的褶皱密
集，下半身的褶皱面积大。新建图层，用勾线平涂法对服装不
透明的部分进行勾勒及填充。新建图层，用"新选 / 大孔网纱"
绘制面纱，用"调整 > 溶解"选项来调整面纱的空间效果，注
意面纱的边缘细密，中间粗大，调整好以后把边缘用橡皮擦擦
成椭圆形。新建图层，用"新选 / 中浅色画笔"绘制耳饰、项
链和鞋子。

05 在人物最底层新建图层，用"新选 / 大方头湿马
克笔"绘制背景的图案，用"新选 / 中浅色画笔"
绘制人物在地面、背景墙上的投影，并提亮局部
背景，表现出光感，增强整个背景的光影效果。

提示 →

　　本章内容是后面几章内
容的基础，需要先了解并掌
握，本章表现人物的方法在
后面也会反复使用。本书作
者对于时装人体的表现非常
重视，并开发了大量的时装
人体姿态笔刷，希望读者可
以灵活运用，进而发挥其更
大的作用。

第 3 章

Procreate
时装款式图
绘制

时装画

时装画根据不同的用途，会有不同的种类。除了着装效果图，在时装从设计到生产的过程中，时装款式图甚至更为常用。时装款式图是将时装款式从人体上剥离出来，以线描表现时装的造型和结构，是设计图中的重要组成部分。不同于着装效果图的灵活多变、风格各异，时装款式图更突出准确性，对于特定的结构和工艺有着标准的表现手法。例如，实线表示破缝和拼接，虚线表示车缝线等。评判一张时装款式图成功与否的标准绝不是基于艺术性，而在于是否明确传达出设计意图。

3.1 时装款式图人台模板

时装款式的发展、变化与时尚流行趋势有着密切的关系。时装款式图是时装画的一个重要门类，有一定的特殊性，需要严格按照人体比例与工艺进行绘制，用线条清晰、准确、严谨地表现出服装款式造型、结构、工艺等设计特点。为了确保款式图的准确性，设计师往往借助人台模板来绘制，以下分别列举半身款式图和全身款式图人台模板的标准来讲解款式图的绘制方法。

3.1.1 半身款式图人台模板

长款和短款的上衣均可以使用半身款式图人台模板，绘制男装和女装时需要使用对应的男人台、女人台模板。人台模板除了轮廓与形态需要体现真人的准确比例，还需要根据制衣规范绘制出人台上的关键结构点和标记线。

不同品牌风格、年龄段和地域的人台模板不同，体型差异较大，以下是作者根据中国常规体型绘制的人台模板，并以此为基础绘制款式图。时装款式图并不完全是平面的，而是依据人的体型制作成箱型立体结构，所以在绘制款式图时要表现出一定的立体着装效果，这样才能更加准确地表达服装款式与人体之间的关系。

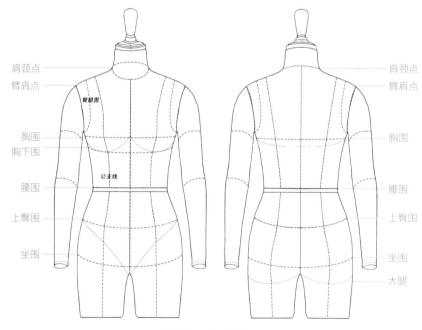

半身女人台与标记线

备注：本章图片和文字均由蔡主恩提供。

在绘制款式图时,除了保证时装基本结构的准确性,还要体现其设计特点和品牌风格。

以下两款是以半身女人台为模板绘制的西装和吊带上衣的款式图。这两款服装的款式修身,突出腰线,运用了网纱与鱼骨造型,因此在绘制款式图时要注意将腰部的结构线和工艺表现清晰。

女装半身款式图示范

下面是半身男人台和男装半身款式图。与女人台相比,男人台的颈部较粗、肩部宽厚、腰臀较窄,而且整体维度比女人台宽大,所以绘制男装时,款式造型与比例也要发生相应的变化。

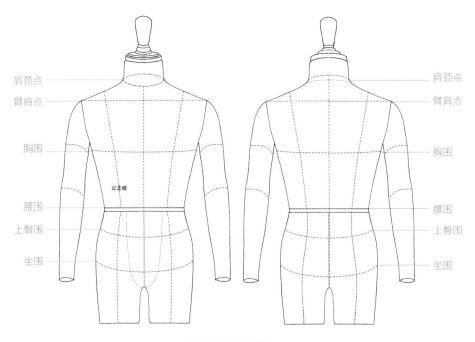

半身男人台与标记线

男装半身款式图示范

3.1.2 全身款式图模特模板

不同人台适用于表现不同的款式。借助全身模特模板可以绘制长款服装和下装，如连衣裙、裤装、半裙等。

在使用 Procreate 绘制款式图时，应将款式图和模特模板安排在不同的图层。绘制款式图时，参照模特模板的形态和比例，完成后隐藏模特模板图层，只保存款式图的图层。

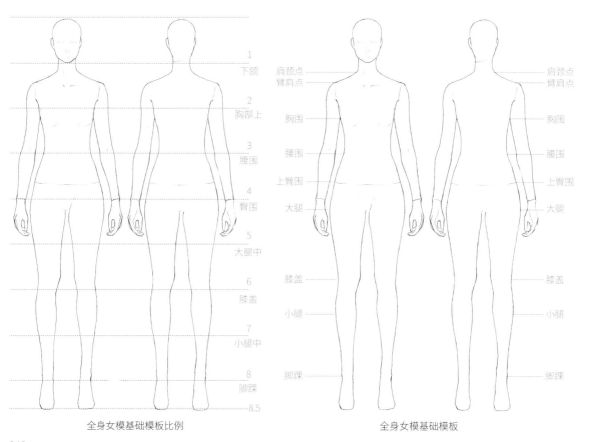

全身女模基础模板比例　　　　　　　全身女模基础模板

全身款式图模特模板不同于时装画中的人体，它更接近真实的人体比例。工业生产的女装以 M 码（160~165cm）为主，所以款式图选择 168/92A 模板绘制女装最为合适。常规 168/92A 女模特身高168cm，胸围 92cm，胸腰差为 12~14cm，从头到脚底共 8.5 个头长。

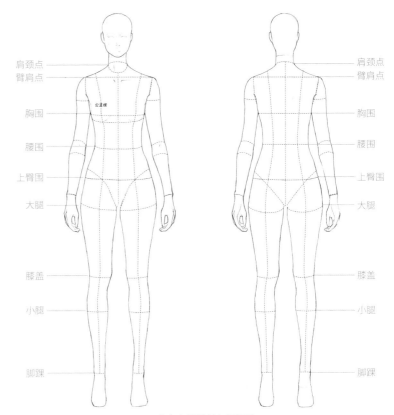

肩颈点
臂肩点
胸围
腰围
上臀围
大腿
膝盖
小腿
脚踝

肩颈点
臂肩点
胸围
腰围
上臀围
大腿
膝盖
小腿
脚踝

公主线

全身女模模板与标记线

女装全身款式图示范

为了更好地展现时装款式的全貌，可以为款式图贴上面料或者填充颜色。该案例使用了两种纯色面料，上色后，可以更直观地看到两种面料之间的搭配关系及产生的对比效果。

彩色女装全身款式图示范

下面是全身男模基础模板和以此为参照绘制的男西服套装。在模板上绘制出服装的松量，并适当地表现出褶皱，以更准确地展现服装与人体之间的空间。因为全身模特模板有手和脚，所以更易于展示服装的袖长和裤长。

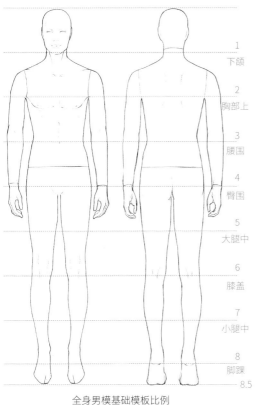

1
下颌
2
胸部上
3
腰围
4
臀围
5
大腿中
6
膝盖
7
小腿中
8
脚踝
8.5

全身男模基础模板比例

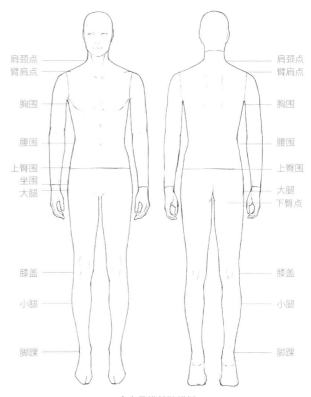

肩颈点
臂肩点
胸围
腰围
上臀围
坐围
大腿

膝盖
小腿
脚踝

肩颈点
臂肩点
胸围
腰围
上臀围
大腿
下臀点

膝盖
小腿
脚踝

全身男模基础模板

全身款式图男模模板的头身比也是 8.5 头身，这一比例接近真实身材。工业生产的男装是以 L 码（170~175cm）为主的，L 码男模身高 180cm，胸围 92cm，胸腰差为 10cm 左右，所以用 180/92A 男模绘制款式图更为标准。

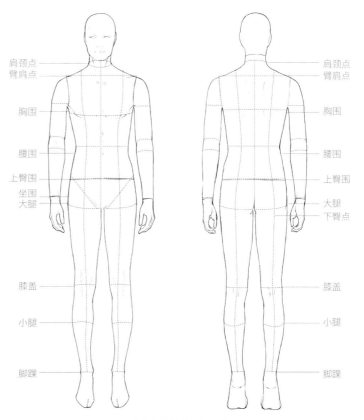

肩颈点
臂肩点
胸围
腰围
上臀围
坐围
大腿

膝盖
小腿

脚踝

肩颈点
臂肩点
胸围
腰围
上臀围
大腿
下臀点

膝盖
小腿

脚踝

全身男模模板与标记线

可以直接按照比例将面料图片贴入款式图，使款式图的效果更加逼真。但不同于时装画立体着装，款式图不需要表现面料所受的光影和立体空间关系，而是要着重表现服装的结构。

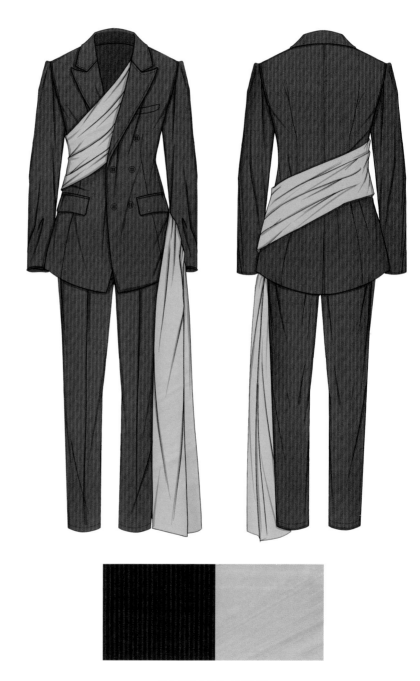

男装全身款式图示范

彩色男装全身款式图示范

3.2 制图笔刷及规范

　　款式图的主要用途是向制版师和工艺师传达设计要求和最终成品的效果。在绘制款式图时，除了一些常用绘画笔刷，还需要绘制出服装的线迹、辅料等细节。

　　使用 Procreate 时，设计师可以按照自己的绘画习惯来设置多种笔刷，根据个人喜好来调整笔刷的流畅度、抖动方向等，还可以根据"形状"功能来设置笔刷。以下是绘制款式图时常用于表现线条与工艺的笔刷。

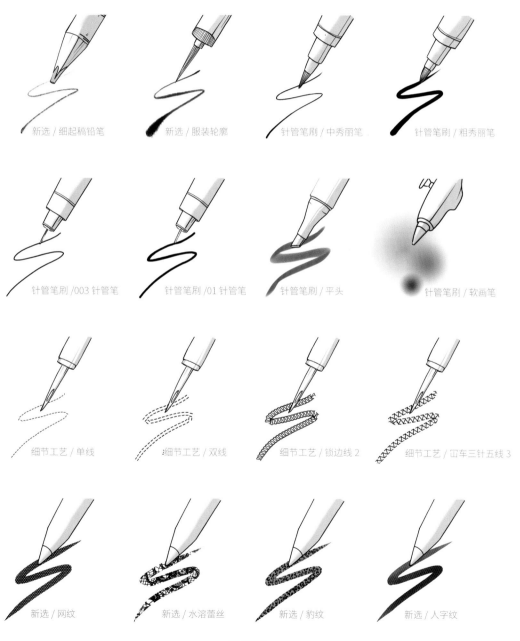

常用笔刷

3.2.1 轮廓线

在绘制时装款式图时，设计师通常会运用具有粗细变化的轮廓线来展现时装的立体造型，在一些关键性的部分，如领口、肩部、腰部、袖口、底摆等，则会运用相对较粗的线条。

常用于绘制轮廓线的笔刷有"针管笔刷 / 中秀丽笔""针管笔刷 / 003 针管笔""新选 / 服装轮廓"等。还可用不同粗细的轮廓线区分面料的厚度，如较厚的毛呢大衣的轮廓线较粗，较薄的丝绸和纱质面料的轮廓线较细。同时，可以用不同的轮廓线表现出不同的面料质感、面料软硬程度及光泽度等，比如毛衣的轮廓线具有起伏变化、皮草的轮廓线由数条短线构成。

细外轮廓 1   细外轮廓 2   粗外轮廓 1

粗外轮廓 2   毛衣外轮廓   皮草外轮廓

3.2.2 结构线

制作时装时，需要将二维面料裁片借助不同的结构处理方式制作成立体造型，如拼接、省道、抽褶等。一些局部的部件也属于结构，如袖子、口袋、领子、门襟、扣眼等。时装的结构线较为繁复，在绘制款式图时，一般使用比轮廓线细的均匀线条来表现时装的结构线，常用于绘制结构线的笔刷有"针管笔刷 / 中秀丽笔""针管笔刷 / 003 针管笔"等。

结构线示范

3.2.3 装饰线

为了体现时装工艺之美，提升款式的设计细节，使时装更加精美，在绘制款式图时也需要画出装饰线。不同缝纫设备可以缝出变化丰富的装饰线，我们可以使用现成的笔刷来绘制装饰线，如牛仔装中常用的双明线、针织 T 恤上常用的锁边、双面呢大衣上的手缝装饰线等。

装饰线示范

装饰线常用笔刷

细节工艺 / 单线	新选 / 波浪线	细节工艺 / 锁边线 2	细节工艺 / 波浪走针	细节工艺 / 双线	细节工艺 / 手缝	细节工艺 / 面车 三针五线 3	细节工艺 / X 走针

3.2.4 面料及阴影

用 Procreate 绘制款式图时，添加面料和暗部十分方便，这是用 Procreate 绘制款式图的优势。一方面，可以将常用面料肌理的图片素材保存在相册中，每当需要时再用 Procreate 将图片素材调成不同深浅和颜色；另一方面，可以整理好面料肌理和图案的笔刷，在绘制款式图时直接使用。

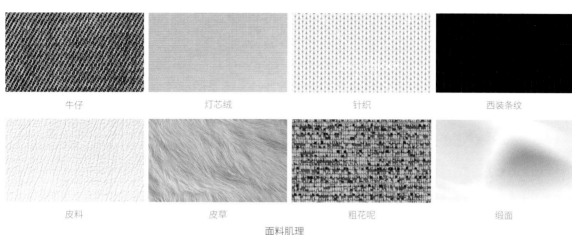

| 牛仔 | 灯芯绒 | 针织 | 西装条纹 |

| 皮料 | 皮草 | 粗花呢 | 缎面 |

面料肌理

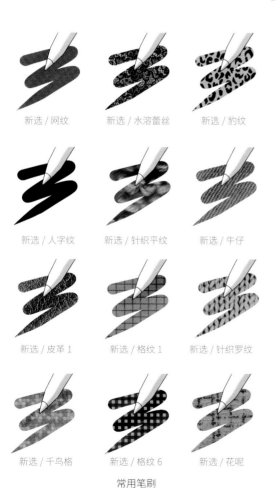

新选 / 网纹	新选 / 水溶蕾丝	新选 / 豹纹
新选 / 人字纹	新选 / 针织平纹	新选 / 牛仔
新选 / 皮革 1	新选 / 格纹 1	新选 / 针织罗纹
新选 / 千鸟格	新选 / 格纹 6	新选 / 花呢

常用笔刷

提示 →

用 Procreate 绘制面料的方法有两种：以"正片叠底"模式插入面料图片素材；新建笔刷后绘制。新建笔刷时要先选择画笔库新建画笔，调整颗粒来源，在编辑中插入面料肌理图片，再将"颗粒行为"设置为"动态"。

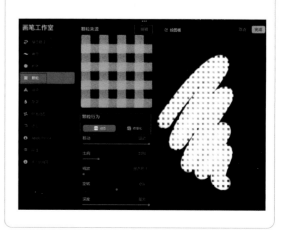

绘制阴影时，使用"针管笔刷/粗秀丽笔"与"针管笔刷/软画笔"，并设置专门的阴影图层，一般将阴影绘制成深灰色，设置图层的不透明度为20%。需要绘制阴影的区域是未被前片遮挡的后片、不同结构转折处、立体配件的侧面等。注意每个款式设置一个统一的光源方向，阴影的方向与光源的方向相反。一般可将光源设置为正对面的顶光。

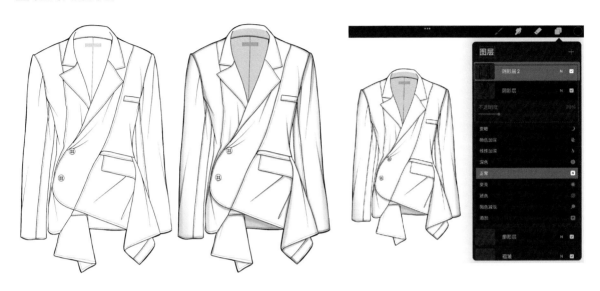

3.2.5 配件

服装配件是款式图的一部分，有扣、拉链、抽绳、装饰链条、唛头等。配件大小、形式、细节的清晰表达对于服装款式的配件选择起到决定性作用。造型特殊的配件可以单独绘制，常见的配件可以制成笔刷，便于随时使用。

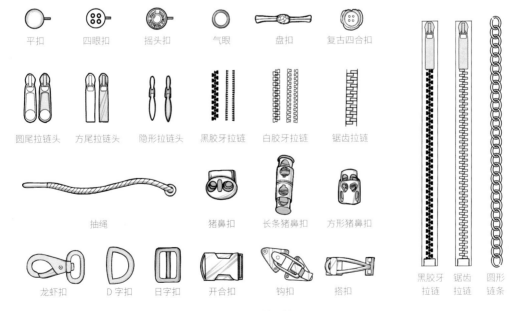

配件示例

3.3 时装款式图案例

3.3.1 上装款式图

1 女装百褶拼接夹克

　　该案例选自某高级成衣品牌，款式层次结构与辅料细节较为丰富，绘制款式图时应表现出其多层的叠穿与面料对比效果。根据设计需求选择是否填充面料和色彩，在绘画过程中注意在每一步都新建图层，以便于局部修改，后面不再赘述。

01 草图：使用"新选／细起稿铅笔"勾勒出服装的廓形与层次。

02 基础线稿：新建图层，用"针管笔刷／中秀丽笔"细化线条，同时勾勒款式图上的褶皱。根据不同部位设置笔刷的大小，这样可以使线条粗细有致、变化多样。注意，服装的外轮廓线粗一些，内部结构线稍细。

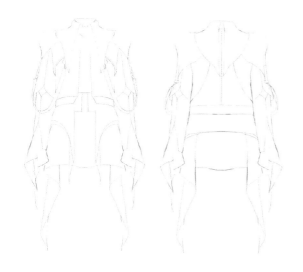

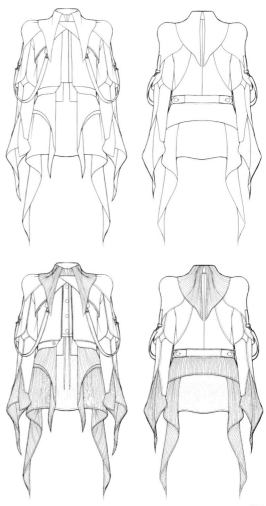

03 工艺表现：用"针管笔刷／中秀丽笔"绘制百褶面料，并在拼缝处绘制纫缝线，然后绘制辅料及细节，如扣子、抽绳等。

04 阴影：将阴影图层的不透明度设置为 20%，用"针管笔刷 / 粗秀丽笔"勾勒阴影，让服装褶皱立体且具有质感，同时，可以使用"针管笔刷 / 软画笔"适当表现暗面阴影。

05 色彩与面料：选中服装内部区域，新建图层，然后选择"正片叠底"模式，填充粉色斜纹面料。

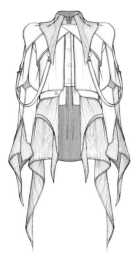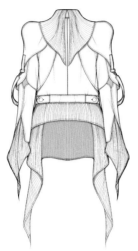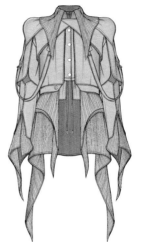

2 男装系带衬衫

　　该案例是原色牛仔印花男装系带衬衫，风格宽松休闲，面料上有不对称图案。相对于女装，这一男装款式较为宽松，腰部系带，绘制时要留出服装轮廓与人台之间的空间。

01 草图：以"新选 / 细起稿铅笔"勾勒出服装的廓形与结构。可以先绘制服装的正面，再利用正面廓形来勾勒背面结构。

02 基础线稿：新建图层，用"针管笔刷 / 中秀丽笔"勾勒服装的轮廓线与细节。注意褶皱要绘制成不对称的，这样更自然、生动。

03 工艺细节：在口袋、衣身拼接等处绘制
绗缝线。

04 阴影：因为面料颜色较深，所以将阴影图层
的不透明度设置为 25%，使用"针管笔刷 /
粗秀丽笔"勾勒褶皱暗面，并使用"针管笔
刷 / 软画笔"画出阴影。

05 面料与肌理：新建图层，选择"正片叠底"模式并
填充牛仔面料。调整面料色彩倾向，还原牛仔面料
原色。新建图层，插入图案，将图案的颜色调整为
金色，以"叠加"模式插入准确的位置。

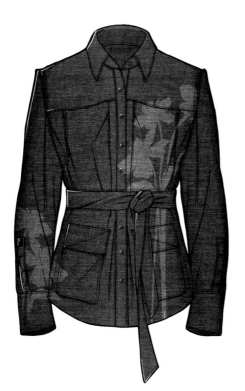

③ 女装中式风格毛衣

该案例是一款中式风格宽松毛衣，以旗袍领部结构为灵感，运用了多种织法，细节较多。绘制款式图时，可以先完成外轮廓，再将内部结构按照织法分区，最后绘制毛衣不同针法的肌理效果。

01 草图：以"新选 / 细起稿铅笔"勾勒出毛衣的廓形与结构。由于毛衣的面料较柔软，所以轮廓线条要顺畅且有粗细变化。

02 基础线稿：新建图层，用"针管笔刷 / 中秀丽笔"绘制毛衣的轮廓线与细节。注意褶皱要绘制成不对称的，同时要画出毛衣不同针法的区域。

03 工艺细节：用合适的毛衣针法笔刷绘制不同针法的肌理效果，要注意毛衣的纹路走向与区域分布。然后点缀辅料。

04 阴影：将阴影图层的不透明度设置为20%，使用"针管笔刷 / 粗秀丽笔"勾勒毛衣褶皱暗面，并使用"针管笔刷 / 软画笔"画出阴影。

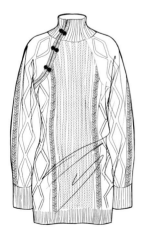
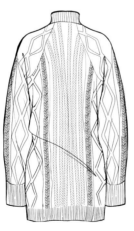
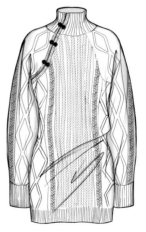
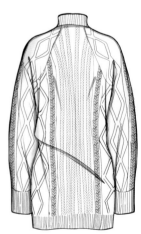

05 面料与肌理：选中毛衣内部区域，新建图层，然后选择"正片叠底"模式，填充棕色毛织面料。

提示 →

毛衣针法可以制成形状笔刷：在"形状"中设置好单个针法图案后，调整其转向角度，并调整"描边路径"中的"间距"即可。

④ 男装冲锋棉服外套

该案例是男装冲锋棉服外套，帽子与袖口处撞色拼接，门襟口袋呈现不对称设计。在绘制时注意将对称与不对称的部分用不同的图层区分开，以提高绘画效率。

01 草图：用"新选/细起稿铅笔"勾勒出服装的廓形与结构。绘制袖子与帽子时可以利用对称功能，但是门襟和口袋要单独绘制。

02 基础线稿：新建图层，用"针管笔刷/中秀丽笔"勾勒服装的轮廓线与细节，适当添加装饰细节。

03 工艺细节：在口袋、衣身拼接等处绘制绗缝线。

04 阴影：将阴影图层的不透明度设置为 20%，使用"针管笔刷 / 粗秀丽笔"勾勒褶皱暗面，并使用"针管笔刷 / 软画笔"画出阴影。

05 面料与肌理：新建图层，选择"正片叠底"模式，填充冲锋棉服面料。再新建图层，将不透明度设置为 80%，用黑色绘制撞色处。

5 男装修身不对称衬衫

该案例男装不对称衬衫，胸部的不对称抽褶让原本普通的男装衬衫呈现出丰富的结构和设计感，展现了男性的肩腰比。注意将服装对称与不对称部分的图层加以区分，提高绘画效率。

01 草图：用"新选 / 细起稿铅笔"勾勒出服装的廓形与抽褶的朝向及其他细节。

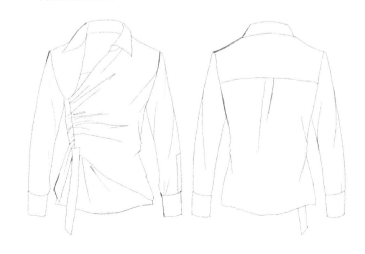

02 基础线稿：新建图层，用"针管笔刷/中秀丽笔"绘制服装的轮廓、结构、褶皱，注意领子的表现要准确。

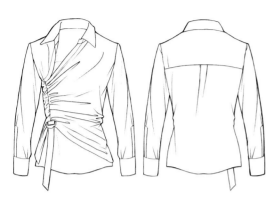

03 工艺细节：该服装的装饰线集中在袖子、领子与下围等处，适当用单线或双线表现装饰线。

04 阴影：将阴影图层的不透明度设置为20%，使用"针管笔刷/粗秀丽笔"勾勒褶皱暗面，使用"针管笔刷/软画笔"画出阴影。注意要画出衬衫后片的阴影。

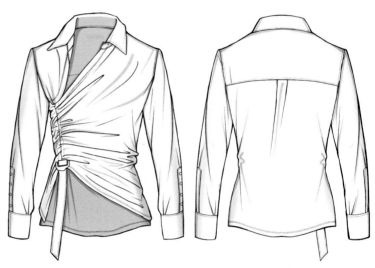

05 面料与肌理：新建图层，将其设置为"正片叠底"模式。选中服装内部区域，用"新选/人字纹"绘制面料肌理，再填充蓝色。

3.3.2 下装款式图

下装一般是裤装或半裙，选用全身款式图模特模板来绘制。

1 女装喇叭裤

该案例是女装牛仔喇叭裤，绘制裤装款式图时要注意腰头和裆部的高度，以及裤腿的宽度和长度的比例关系等。该款式风格新颖、低腰设计、裆部较高、裤腿呈喇叭状，这些特点要在款式图中清晰、准确地表现出来。

01 草图：用"新选/细起稿铅笔"勾勒出喇叭裤的廓形与结构，注意表现出款式的特点。由于喇叭裤基本对称，可以先绘制一半，再复制、粘贴并调整来完成另外一半。

02 基础线稿：新建图层，用"针管笔刷/中秀丽笔"勾勒喇叭裤的轮廓线与腿部中间的分割线，以及口袋等结构和细节。

03 工艺细节：该款喇叭裤有大量的钉珠装饰，可以使用"新选/圆珠"来绘制，注意调整大小使其错落有致。以单线表达绗缝压线装饰。

04 阴影：将阴影图层的不透明度设置为 20%，使用"针管笔刷 / 粗秀丽笔"勾勒褶皱暗面，并使用"针管笔刷 / 软画笔"画出阴影。

05 面料与肌理：选中喇叭裤内部区域，新建图层，选择"正片叠底"模式，填充牛仔面料。该喇叭裤有浅色洗水效果，可以复制面料图层，调整其色相，再用橡皮擦擦出无洗水掉色部分，以还原深色。

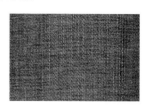

② **女装雪纺褶皱半裙**

这款半身裙是用柔滑的蓝色雪纺面料制作的，其设计风格优雅大方。裙摆的放量大，给人一种宽松而自由的感觉。设计的重点在于裙摆与腰头的结构。

01 草图：用"新选 / 细起稿铅笔"勾勒出半裙的廓形与结构，可以对裙摆褶皱的方向进行大致表现。

02 基础线稿：新建图层，用"针管笔刷/中秀丽笔"勾勒半裙的轮廓线、腰部的结构与皱褶细节，注意腰头和底摆处的轮廓线比侧面轮廓线略粗。

03 工艺细节：进一步细化褶皱。该案例的绗缝与辅料细节较少，在裙子拼缝处与下脚简略绘制绗缝线即可。

04 阴影：将阴影图层的不透明度设置为20%，使用"针管笔刷/粗秀丽笔"勾勒褶皱暗面，并使用"针管笔刷/软画笔"画出阴影。在裙摆正面开衩处添加一块阴影，区分前片和后片。

05 面料与肌理：选中半裙内部区域，新建两个图层，用"正片叠底"模式，并分别填充面料。

3 男装阔腿西服裤

该案例是男士阔腿西服裤，与通勤西服裤不同，阔腿造型更适合当代年轻人的潮流穿搭。绘制款式图时要注意在全身男模模板的基础上表现出裤腿的宽松感。

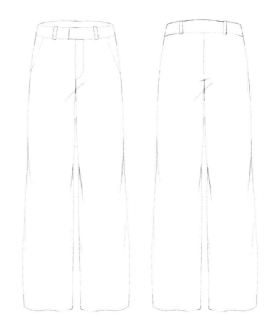

01 草图：用"新选／细起稿铅笔"勾勒出西服裤的廓形与结构，如腰头、裤襻、插袋、裤腿等。

02 基础线稿：新建图层，用"针管笔刷／中秀丽笔"勾勒西服裤的轮廓、结构、褶皱等，注意区分不同线条的粗细变化。

03 工艺细节：在插袋、下脚、拼缝等处绘制绗缝线。

04 阴影：将阴影图层的不透明度设置为 20%，使用"针管笔刷 / 粗秀丽笔"勾勒褶皱暗面，并使用"针管笔刷 / 软画笔"画出阴影。

05 面料与肌理：选中西服裤内部区域，新建图层，选择"正片叠底"模式，填充西装梭织面料素材。

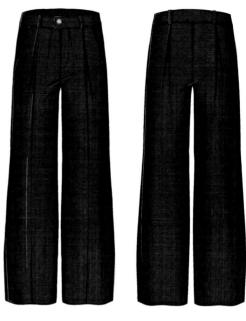

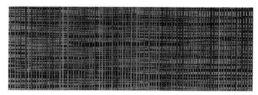

4 男装机能风印花短裤

　　该案例是一款男装机能风印花短裤，带有一些军装元素，两侧装饰了功能性较强的立体口袋，适合追求年轻街头时尚的男士穿着。在绘制款式图时要注重凸显出该款式具有运动感的功能结构，如口袋、插袋、裤中破缝等。插入印花图案以后，要设定好插入位置。

01 草图：用"新选 / 细起稿铅笔"勾勒出短裤的廓形与结构，注意短裤的长度和宽度比例要准确。

02 基础线稿：新建图层，用"针管笔刷／中秀丽笔"勾勒短裤的轮廓、结构、褶皱等。注意短裤裆部的褶皱一般朝向一边，不要交叉。

03 工艺细节：在口袋、下脚、拼接等处绘制装饰线并添加辅料。

04 阴影：将阴影图层的不透明度设置为20%，使用"针管笔刷／粗秀丽笔"勾勒褶皱暗面，并使用"针管笔刷／软画笔"画出阴影。

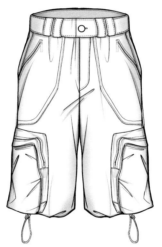

05 面料与肌理：因为该款式面料印花位置是确定的，所以要先定好图案在短裤中的位置，再选中短裤内部区域，然后选择"正片叠底"模式并填充面料。

3.3.3　全身款式图

　　全身款式图的比例十分重要，从长度上来说，无论是到膝盖、脚踝、脚跟还是拖地，都需要表现准确；从造型风格来说，绘制全身款式图需要注重服装下的体型，并清晰表现出服装的宽松度及与身体之间的空间。绘制全身款式图时需要使用全身模特模板。

1 双排扣大衣式鱼尾连衣裙

　　该案例要呈现出黑暗冷艳的风格。服装呈不对称设计，下摆的鱼尾波浪造型突出，翻驳领形较尖锐。绘制时要注意通过造型和细节来表现服装强烈的风格特点。

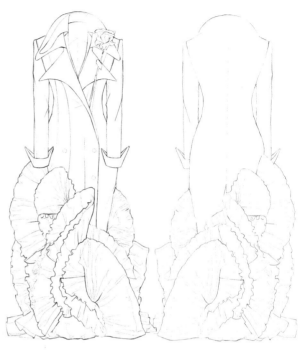

01　草图：由于该款式服装不对称，可以将其拆分成两个部分：一个是上身对称的大衣结构（绘制一半、另一半复制、粘贴并水平翻转），另一个是不对称的鱼尾下摆，用"新选／细起稿铅笔"绘制完整。

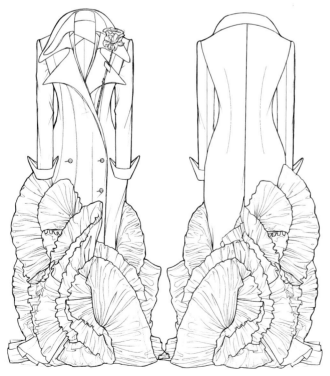

02　基础线稿：降低草图图层的不透明度，新建图层，用"针管笔刷／中秀丽笔"描绘服装结构，用更粗的线条强化外部廓形。鱼尾下摆中的褶皱要用细线勾画清晰。绘制领口的装饰花。线稿完成后，隐藏草图图层。

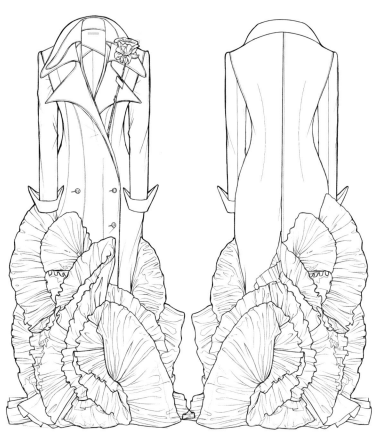

03 工艺细节：该服装做了
里衬，所以明线绗缝较
少，在领口等部分绘制
压线强调结构和细节。

04 阴影：因为服装的颜色较
深，所以将阴影图层的不
透明度设置为 25%，用
"针管笔刷/大号秀丽笔"
绘制阴影。用阴影表现服
装的层次与褶皱，并在鱼
尾下摆处略加一些阴影，
使层次更丰富。

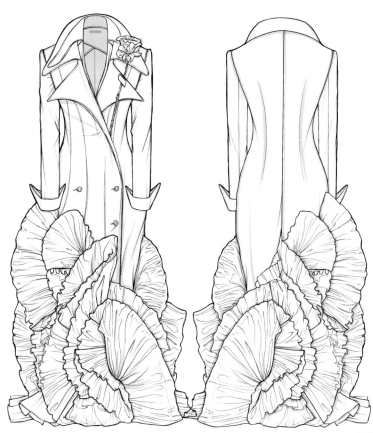

05

色彩与面料：新建图层，该服装是黑、深酒红两色，上衣是黑色，但填充色块时不要用全黑，而是用炭黑色，再调整其不透明度，这样可以保证款式图的线条明确清晰。鱼尾下摆部分填充深酒红色，并用"新选 / 光点"绘制闪烁高光。最后为衣领处的装饰花上色。

提示　→

对称绘画方式一：利用对称线辅助绘画，设置"操作 > 画布 > 绘画指引 > 对称"。

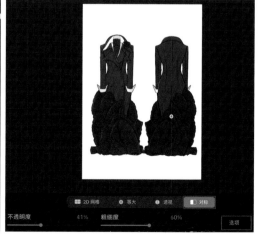

对称绘画方式二：先绘制一半，再通过新建图层，复制并粘贴绘制的部分，然后将其水平翻转成另一半。

2 不对称吊带连衣裙

这款连衣裙装饰着木耳边，同时以抽绳编带不对称地分割连衣裙，整体风格浪漫中带着俏皮。绘制款式图时，注意木耳边分布的位置和面料转折的结构，线条要流畅，并展现出款式的风格特点。另外，连衣裙后背有拉链，要注意拉链的长度和位置。

01 草图：此为不对称的 A 形连衣裙，可以用"新选 / 细起稿铅笔"先勾勒出简单连衣裙的外轮廓，再画出木耳边与不对称造型。

02 基础线稿：新建图层，用"针管笔刷 / 中秀丽笔"深入描绘连衣裙的结构，用更粗的线条强化外轮廓。

03 工艺细节：用"针管笔刷 / 中秀丽笔"刻画抽绳编带等细节，同时用压线工艺类笔刷绘制面料的装饰线。

04 阴影：将阴影图层的不透明度设置为20%，用"针管笔刷／大号秀丽笔"绘制阴影。对于较紧身轻薄的款式，可以在胸部适当添加阴影。

05 面料与色彩：选中连衣裙内部区域，新建图层，选择"正片叠底"模式，填充雪纺面料与色彩。

3 男装褶皱风衣

男装通常廓形简约，在绘制款式图时，更加考验作画者对比例的把握和对细节的处理能力。该案例是一款宽松的男装风衣，腰部呈现出收腰与自然褶皱造型，点缀了手缝细节和一些装饰扣。

01 草图：用"新选/细起稿铅笔"勾勒出风衣的廓形与细节，可以将褶皱的位置大致勾画出来。

02 基础线稿：新建图层，用"针管笔刷/中秀丽笔"绘制风衣的轮廓、结构、细节，着重表现褶皱，线条要利落、自然，褶皱位置要准确。

03 工艺细节：用"针管笔刷/中秀丽笔"绘制长虚线作为装饰线。画一个纽扣，并制成笔刷，用纽扣笔刷画出风衣正面和袖子上的纽扣。

04 阴影：将阴影图层的不
透明度设置为 20%，
使用"针管笔刷 / 粗秀
丽笔"勾勒褶皱暗面，
并使用"针管笔刷 / 软
画笔"画出阴影。

05 面料与肌理：选中风衣内
部区域，新建图层，选择
"正片叠底"模式，填充
棕色呢料素材。为还原做
旧的复古效果，选择做旧
肌理素材，调整其不透明
度并填充。

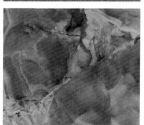

4 长袖手套紧身连体服

　　该连体服紧身包裹，分割流畅，性感而具有先锋感。在绘制款式图时需要注重款式的紧身维度，同时将分割比例表达准确。

01 草图：用"新选/细起稿铅笔"勾勒出连体服的廓形与拼接分割线。廓形可以根据服装的贴体程度与面料厚度表达，呈现出人体的曲线。

02 基础线稿：新建图层，用"针管笔刷/中秀丽笔"绘制连体服的轮廓线和分割线，对连体服的外轮廓进行加粗表现，在背后画出拉链，在分指手套处画出手指的轮廓。

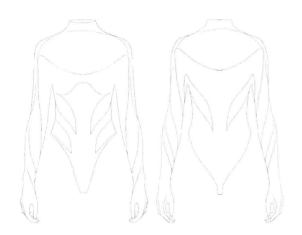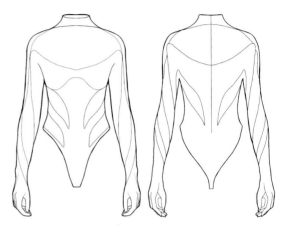

03 工艺细节：在连体服拼接处画出装饰线。

04 阴影：将阴影图层的不透明度设置为20%，使用"针管笔刷/粗秀丽笔"勾勒褶皱暗面，并使用"针管笔刷/软画笔"画出阴影。

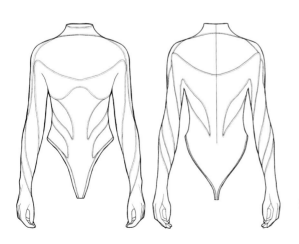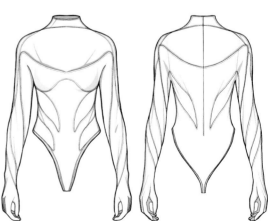

05 面料与肌理：选中连体服
内部区域，先新建一个图
层并填充肉色素材，再新
建一个图层并填充黑色，
擦除多余色彩，表现出撞
色拼接细节。

5 紧身挂脖褶皱连衣裙

该案例是一款紧身挂脖闪片褶皱连衣裙，风格华丽，结构紧身围裹，面料起伏堆积。绘制款式图时要注重
表现贴体效果及面料的流动感。

01 草图：用"新选／细起稿铅笔"勾勒出连衣裙
的廓形，然后进行分割并表达细节。

02 基础线稿：新建图层，用"针管笔刷／中秀丽
笔"绘制连衣裙的轮廓、分割线等，着重表
现褶皱，线条要利落、自然，褶皱转折要表
现准确。

03　工艺细节：该款工艺线迹较少，只需要在裙子下脚、拉链处和脖扣处略加装饰明线。

04　阴影：将阴影图层的不透明度设置为20%，使用"针管笔刷 / 粗秀丽笔"勾勒褶皱暗面，并使用"针管笔刷 / 软画笔"画出阴影。

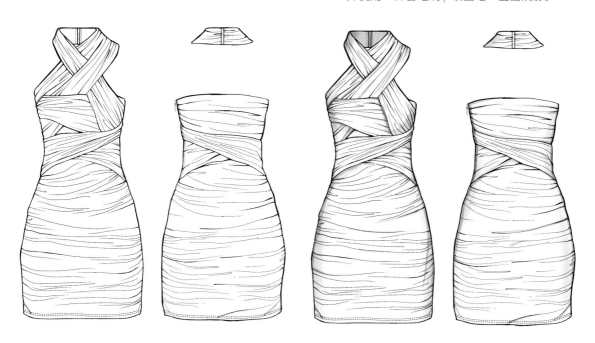

05　面料与色彩：选中连衣裙内部区域，新建图层，选择"正片叠底"模式，填充面料与色彩，并用"新选 / 闪光"绘制光点，点缀面料。

6 牛仔套装

世界各地每年的时装周会以秀场发布的形式展示新款式的服装，从秀场中提取流行款式是了解流行趋势的常用方式。因此需要掌握从秀场款式转化为款式图的绘制方法。以该案例中的牛仔套装为例，讲解从秀场、人体姿态中提取款式图的思路与过程。

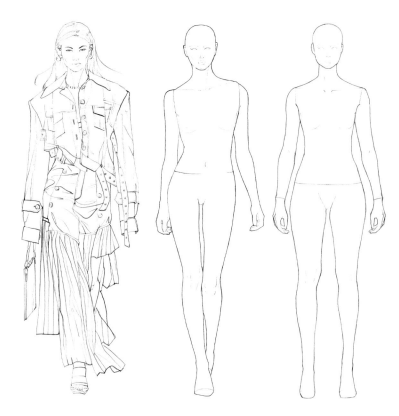

01 姿态提取：先分析秀场模特的姿态，以"透视眼"来观察人体与服装的关系。

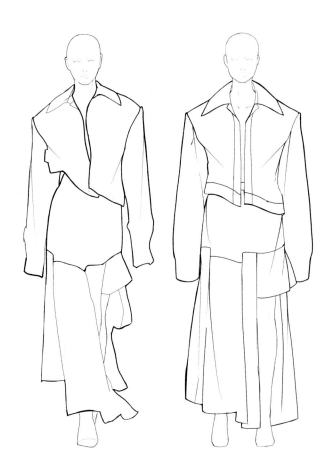

02 廓形提取：掌握了人体姿态后，分析服装廓形与人体之间的空间关系，然后绘制服装在正面立正全身模特模板上的效果。该服装整体呈现不对称形态，宽肩肥袖，同时上衣下脚呈倾斜状态，裙子为多片拼接且左长右短。

03　内部结构：确定了服装的廓形后，
绘制内部分割线和结构。该款式
上衣是公主线破缝分割，有不对
称结构的口袋设计和独特的扣襻。
用线条勾勒时，注意区分不同部
位用线的粗细，外轮廓线较粗，
内部结构线较细，装饰线和细节
用线更细。

04　款式细节：对内部的分割
线和结构进行深入刻画。
添加扣子、褶皱线、装饰
线等细节。

05 工艺辅料与面料：完
善其他工艺细节、辅
料和装饰线等。然后
填充面料。

06 完善细节，隐藏人模，
完成绘制。

3.3.4 配饰

时尚配饰包括鞋、帽、包、围巾，以及首饰等。不同于服装款式图，配饰的款式图不需要以人台为模板，而是直接画出配饰的造型与结构即可。绘制配饰款式图时，也不需要像服装款式图那样绘制出正、背面，通常以侧视图或正视图为主，若配饰结构复杂则可以绘制三视图。

1 手提包

这是一个中性多功能手提包，上面装饰了多个大小不同的立体口袋，黑色的轧光皮质搭配银色拉链，个性十足。

01 草图：用"新选 / 细起稿铅笔"勾勒出手提包的造型与口袋造型。

02 基础线稿：新建图层，用"针管笔刷 / 中秀丽笔"绘制手提包的轮廓和款式细节。

03 工艺细节：使用拉链类笔刷及压线笔刷绘制口袋上的拉链与绗缝线。

04 阴影：将阴影图层的不透明度设置为 20%，使用"针管笔刷 / 粗秀丽笔"勾勒褶皱暗面，并使用"针管笔刷 / 软画笔"画出阴影。加深内侧面料的暗面，这样能够表现立体感。

05 面料与肌理：新建图层，选择"正片叠底"模式，为手提包填充皮料素材，再用"针管笔刷 / 软画笔"稍稍绘制皮料的亮面。

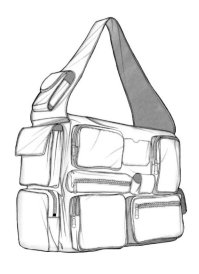

项链、耳环、手镯没有绗缝工艺等，所以需要更加突出其材质与结构。在绘制饰品的款式图时，更加侧重表现材质的光感，用线更为硬朗。该案例表现的是一对超现实主义风格的耳饰，黄金材质搭配逼真的五官造型，风格复古又新奇。

01 草图：用"新选 / 细起稿铅笔"勾勒出耳饰的廓形与大致细节，稍加阴影表示暗面。

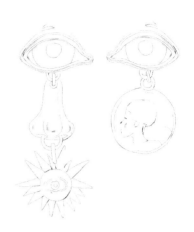

02 基础线稿：新建图层，用"针管笔刷 / 中秀丽笔"绘制耳饰的轮廓和细节。

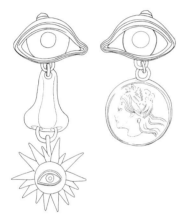

03 细节阴影：用"针管笔刷 / 中秀丽笔"与"针管笔刷 / 软画笔"为耳饰增添做旧感和暗部。

04 材质与色彩：选中耳饰内部区域，新建图层，填充黄金材质素材。然后新建图层，分别绘制两只眼睛，使用"新选 / 紫貂"绘制眼睛中的色彩变化，并使用"新选 / 湿色晕染"表现瞳孔的黑色。

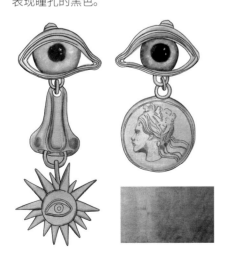

05 刻画细节：刻画耳饰的细节，在鼻头与眼睛反光等处用"针管笔刷 / 软画笔"提亮色彩，再用"新选 / 十字闪光"单个点缀高光处，可以分别使用黄色与白色高光。

第 4 章

Procreate
时装画着装
表现技法

04

时装画

着装表现会有多种不同的情况，比如不同类型的服装、紧身 / 宽松的款式、透明 / 不透明的材质，还有不同类型的画面构图、单人 / 多人的构图等，因此在表现不同对象的时候需要灵活应对，使用不同的步骤和方法来绘制。

4.1 紧身款式表现

　　在使用 Procreate 表现紧身款式的时装时，须以时装人体作为画面表现的基础，必要时可借助背景色来提升画面的整体感和艺术氛围。人体姿态和别致的人物曲线是紧身款式表现的基础。

　　案例中时装款式是紧身的，因为模特的手部具有表现力，所以画面显得比较丰富。在这种情况下，可以直接在白色背景上起稿，先画出人体姿态，注意表现出优雅感，这样才能凸显紧身连衣裙的风格与特点。

01　使用"新选 / 中起稿铅笔"画出完整的人体。

02　用勾线平涂法为人体皮肤上色。使用"新选 / 柔和炭笔"绘制出皮肤的明暗，局部用涂抹工具过渡，表现出皮肤的光滑质感。绘制人物头部细节。新建图层，使用"新选 / 勾线平涂"为整个连衣裙上色，并调整该图层的不透明度，使连衣裙呈现薄纱效果。选中薄纱图层，再新建图层，使用"水 / 颗粒状柔和晕染"和"水 / 毛绒边小晕染"来绘制纱质的明暗，这两种笔刷非常柔和，适合表现薄纱质感。

03 在纱质图层的底下新建一个图层，将不透明的内衣部分用勾线平涂的方式填充实色。新建图层，使用"新选/中方头湿马克笔"来绘制内衣部分的明暗，这一笔刷轮廓较为分明，可表现出一定的光泽感。

04 为人物添加配饰，然后新建图层，使用"新选/中浅色画笔"为连衣裙点出闪片，并为饰品画出高光。

05 在人物图层下面新建图层，
使用"新选 / 虚幻背景"绘
制灰色背景，这一笔刷较大，
笔触非常柔和，适合绘制虚
幻的背景。

提示 →

如果绘制人物的画布足够大、
足够清晰，且细节绘制较深入，可
以对完成图进行裁切，也可通过改
变背景色来变化出新的画面。

4.2 宽松款式表现

绘制宽松款式的时装时，应着重表现服装与人体之间的空间关系。同为宽松款式，由于面料的厚薄软硬不同，其轮廓线的变化较大，面料越轻薄柔软，轮廓线则多为曲线。

01 使用"人体/模特头部"笔刷画出一个基础头部。

02 使用"新选/中起稿铅笔"和橡皮擦对五官和发型进行修改，并添加耳饰，完成后保存为新笔刷——"人体/短发模特头部"。

03 在新建的正方形画布中点击，将画布调整至合适的大小。新建图层，使用"人体/正面行走6"笔刷画出相应的人体姿态线稿，将头部图层和人体图层调整后组合成一个新的人体姿态。新建图层，使用"新选/中起稿铅笔"在人体姿态的基础上绘制服装轮廓，服装贴体部分用线较实，飘逸的裙装部分用线较虚，服装衣纹部分要使用具有弧度的线条来表现轻薄的质感。用橡皮擦擦掉被服装遮挡的人体轮廓线，完成线稿。

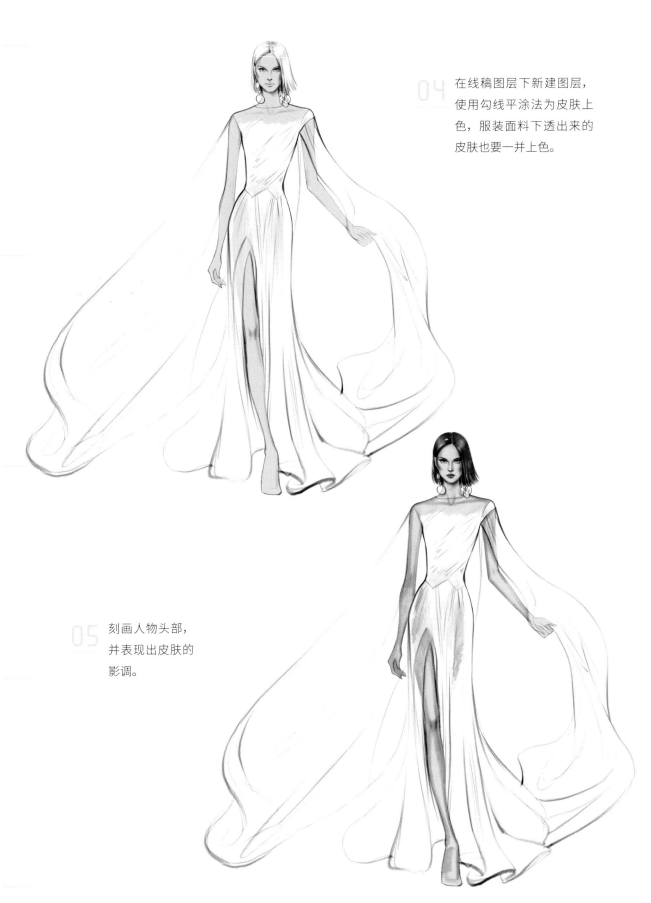

04 在线稿图层下新建图层，使用勾线平涂法为皮肤上色，服装面料下透出来的皮肤也要一并上色。

05 刻画人物头部，并表现出皮肤的影调。

06 在皮肤图层上新建图层，用勾线平涂法为纱质部分上底色，并调整图层的不透明度。

07 新建图层，使用"新选 / 超大起稿铅笔"和"新选 / 黑猩猩粉笔"一层层地画出裙装的明暗，注意身体两侧、腿两侧的颜色较深。然后刻画人物的耳饰和鞋子。

08 使用"新选／小浅色画笔"绘制耳饰的高光和上半身的亮片。使用"新选／柔和炭笔"绘制背景，用涂抹工具使背景色块的边缘过渡柔和。在人物和服装图层的最上层新建图层，使用"新选／六边形小碎片"绘制一些闪片来渲染画面，使整体画面更加灵动，突出画面宽松连衣裙的飘逸感。

4.3 多人组合表现

在时装画中，我们常用多人组合的方式来表现系列服装和突出主题。在有限的画面中，将同一个系列的多个人物形象放在一起，需要运用恰当的构图方式，以及人物之间的互动关系，把不同的元素进行合理安排，使画面协调统一，风格明确而无杂乱之感。

在进行多人组合表现的时候，选取表现的服饰虽然为一个系列，但也要避免过于雷同，应选取在整体造型、色彩、材质或配饰方面有一定差异的服饰，以便在构图时进行变化。同一个构图中出现的人物越多，画面中服饰的色彩、材质就要适当减少，人物的动态和画面的背景也要简化，以保持画面的整体感。

运用 Procreate 表现多人组合的时装画时，要注意同一个文件中，不同的人物在不同的图层中绘制，这便于局部修改单个人物和保存单个人物的图像，而且可以使每个人物加上背景后成为一张新的单人时装画。此外，将每个人物从动态线稿到服饰细节的多个图层设置为一个组合，便于整体调整单个人物的大小和位置。多人组合时注意合理把握整体布局。

提示 →

运用 Procreate 创作的优势在于，无论是单人还是多人组合的时装画，都可以根据需要尝试使用不同的背景。可以采用简约的背景或者效果强烈的背景，同样的人物形象搭配不同的背景会呈现出截然不同的画面风格。在同一个 Procreate 文件中，通常会绘制几种不同的背景备用。

简约的背景用不透明度较高的"新选 / 中浅色画笔"轻扫。再新建图层，用"新选 / 六边形小碎片"结合银色亮片图片通过蒙版功能表现画面氛围。

效果强烈的背景用两三种不同深浅的蓝色结合"新选 / 中等喷嘴"笔刷，按照 Z 字形均匀上色。再新建图层，用不同大小、不同蓝色的"新选 / 圆形光晕"笔刷画出光晕效果。

Procreate 时装画材质与工艺表现

时装画

材质与工艺是时装画表现的重要内容，它们种类丰富而且发展较快。在面对不同的材质和工艺时，掌握一些具有共性的规律，有助于我们表现它们的特点。表现硬朗材质时多用直线，而表现柔软材质时多用曲线；表现光感较强的材质时，明暗对比要加强、提亮高光、加深暗面，而表现亚光材质时则需要弱化亮面的高光；表现厚实材质时，需要加大服装与人体之间的空间，使用较粗的轮廓线，而表现轻薄的材质时用细轮廓线。在面对不同表现对象的时候，先对其进行分析，再选择最适合的表现方式来突出材质的特点。

5.1　金属色材质

金属色材质是服装和饰品中十分常见的材质类型。金属色材质并不一定是真正的金属，但具有金属般闪亮硬朗的视觉效果。能达到金属色效果的材料有涂层材料、金属镀覆材料、金属丝织造材料等，不同材料的表现技法具有一定的共性。

5.1.1　金属片连衣裙

这是一件由大小不一的金属片串在一起而成的连衣裙，裙摆带有金属片流苏。可以将金属片理解为包裹在人身上的一面面小镜子，它们朝着不同的方向，所以受光情况差别很大。这里假设主要光源在人物的背面，受光面的金属片中也要有深色，因为身体的起伏会遮挡一些受光面的金属片，背光面的金属片要有少量亮色，因为受到环境的反光。

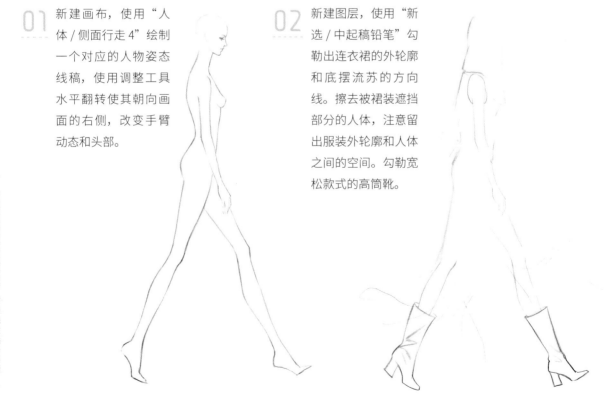

01　新建画布，使用"人体 / 侧面行走 4"绘制一个对应的人物姿态线稿，使用调整工具水平翻转使其朝向画面的右侧，改变手臂动态和头部。

02　新建图层，使用"新选 / 中起稿铅笔"勾勒出连衣裙的外轮廓和底摆流苏的方向线。擦去被裙装遮挡部分的人体，注意留出服装外轮廓和人体之间的空间。勾勒宽松款式的高筒靴。

03 将连衣裙中主要的金属片勾
勒出来。注意原金属片为圆
形，靠近身体两侧的金属片
形状为相对较扁的椭圆。

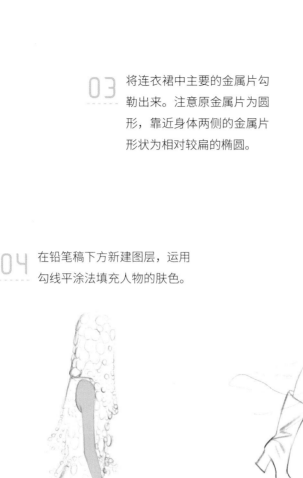

04 在铅笔稿下方新建图层，运用
勾线平涂法填充人物的肤色。

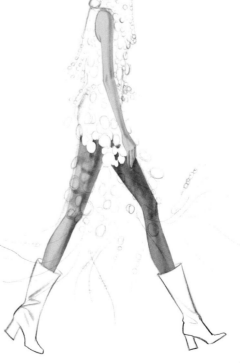

05 新建图层，用"新选/中起稿
铅笔"绘制皮肤的暗面。为了
突出光影效果，皮肤的暗面可
以深一点。

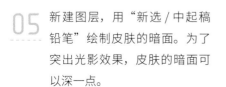

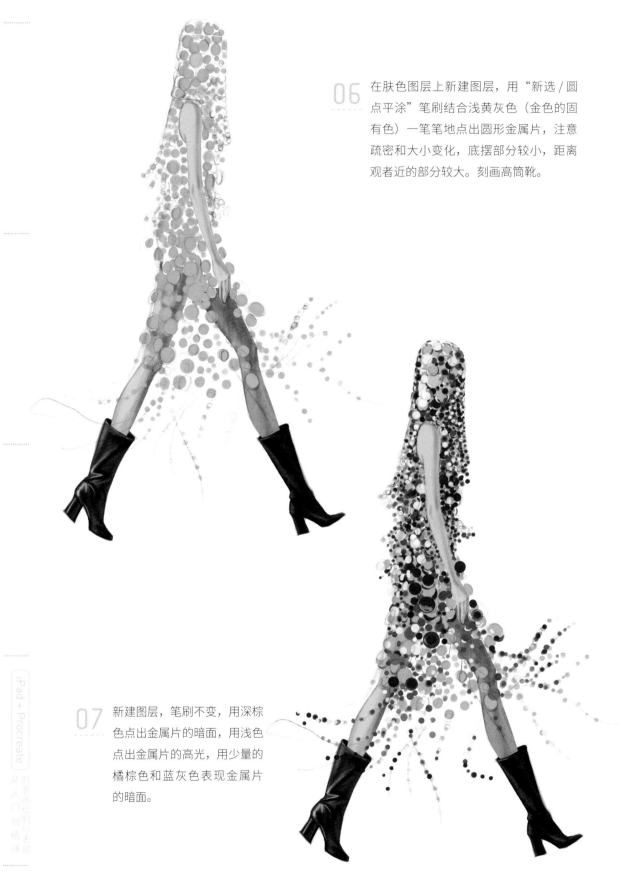

06 在肤色图层上新建图层，用"新选／圆点平涂"笔刷结合浅黄灰色（金色的固有色）一笔笔地点出圆形金属片，注意疏密和大小变化，底摆部分较小，距离观者近的部分较大。刻画高筒靴。

07 新建图层，笔刷不变，用深棕色点出金属片的暗面，用浅色点出金属片的高光，用少量的橘棕色和蓝灰色表现金属片的暗面。

08 隐藏线稿图层。在人物和服装图层的下方新建图层，平涂蓝灰色背景，这样画面会呈现出另一种视觉效果。

提示 →

完成人物和服装的绘制后，可以根据个人喜好尝试绘制不同的背景，如白色背景和其他颜色的背景。

绘制白色背景时，隐藏蓝灰色背景图层，在该图层的上方新建图层，用冷灰色结合"新选/大方头湿马克笔"笔刷绘制人物的投影和地面的阴影，注意要一气呵成。完成后可保存为白背景的完成稿。

还可以设置蓝灰色图层为可见，在阴影图层下方新建图层，使用 Procreate 自带的"亮度/漏光"笔刷在背景上添加白色的光，使阴影效果更为逼真。完成后可保存为蓝灰色背景的完成稿。

5.1.2　金属色材质表现要点

1 明暗对比强烈

绘制光感和硬度较强的金属色材质时，最重要的一点是明暗对比要非常强烈，暗面最深处要接近黑色，亮面最亮处要接近白色，且可以使用特定笔刷表现闪光效果。

常见的金属色材质有金色和银色，如果用 0~10 来区分从浅到深的明度，表现金属色材质的色阶中必须含有 0 和 10，也就是最浅色和最深色。金色和银色的区别只是固有色不同，一个是假金色（土黄灰），一个是冷灰色。

2 多样化的金属色材质

金属色材质有多种不同的质地，除了 5.1.1 案例中的硬质，还可能呈现出柔软的质地。

案例 1 是由细金属丝和金属环扣编织而成的金属网状材质，原本坚硬的金属材质经过精细的加工变得柔软贴体。表现这种材质的外轮廓时要运用一些曲线，用"新选/湿亚克力"和"新选/小浅色画笔"表现深浅层次及对比鲜明的金属网。

案例 2 中，银色覆膜皮革面料经激光切割以后呈现出粗菱形网状，柔软贴体，并且具有一定的厚度。在表现它时，先运用勾线平涂法把所有的银色网状材质部分涂成灰色，然后在肤色图层上突出网状服装和人体之间的暗部，加深暗部可以有效地突出金属色和空间关系。注意金属网状面料的暗部有小面积接近黑色，可以用"新选/小浅色画笔"画出亮面的高光。

案例 1

案例 2

5.2 镭射光材质

这是一件具有镭射光泽的彩色闪片演出服，底摆为银色。在绘制时，除了表现出逼真的材质特点，更重要的是呈现出张扬耀眼的服装设计风格，其中笔刷的运用和背景的表现都有相应的技巧。

01 新建画布，用"新选/中起稿铅笔"绘制草稿，拉长模特腿部。

02 新建图层，用"新选/中起稿铅笔"填充肤色并绘制五官。新建图层，绘制帽子、手套，以及连体衣的轮廓等。

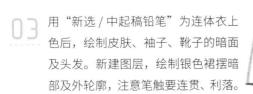

03 用"新选/中起稿铅笔"为连体衣上色后，绘制皮肤、袖子、靴子的暗面及头发。新建图层，绘制银色裙摆暗部及外轮廓，注意笔触要连贯、利落。

04 进一步完善银色裙装的固有色，区分亮面、暗面和过渡色，亮面留白，暗面绘制一点暖灰色作为反光色。加深袖子的颜色和明暗变化。

05 新建图层，用"新选/中起稿铅笔"绘制服装、靴子及耳饰的花纹图案。

06 进一步添加服装和靴子的彩色图案，注意不要画得太满，要保留一部分黑底色才能突出闪光感。

07 使用"新选／圆形闪片"增加服装、帽子和耳饰的肌理变化，色彩层次要丰富。注意镭射光面料中要加入一些艳丽的颜色。

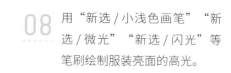

08 用"新选 / 小浅色画笔""新选 / 微光""新选 / 闪光"等笔刷绘制服装亮面的高光。

09 在最上方的图层上新建图层，用"新选 / 小浅色画笔"和"新选 / 中浅色画笔"笔刷提亮手套、躯干、袖子、靴子等轮廓线，使其凸显出来。在人物和服装图层的下方新建图层，用紫红色绘制霓虹灯发光效果的背景，与服装的整体风格匹配。

提示 →

　　镭射光面料的明暗对比和金属色一样强烈，甚至更甚，在绘制时需要使用具有发光效果的笔刷，如"新选 / 小浅色画笔""新选 / 微光""新选 / 闪光"等，同时还需要使用比金属色材质更丰富的颜色——一些夸张的纯色。由于镭射光面料具有强烈的视觉冲击力和表现力，常用于制作舞台服装。

5.3 牛仔面料

5.3.1 牛仔面料的表现原理

　　牛仔面料有着亚光、硬朗、粗犷的风格特点，最常见的是具有一定厚度的靛蓝色斜纹材质。大多数牛仔时装会采用洗水、破洞等工艺。表现牛仔面料时一般选用具有灰度的蓝色，使用粗糙的笔刷，在绘制时尤其要注意面料边缘部分要有一定的厚度，边缘部分要用灰白色表现出起伏不平的洗水花纹，双明线在牛仔装中颇为常见。

01 用带有明暗影调的蓝灰色系结合放大的"新选 / 软色蜡笔 2"铺底色，笔触要自然、大而整，避免来回涂抹。

02 用同一笔刷画出浅灰蓝色的结构线，以及结构线边缘较深的蓝灰色阴影。用较大笔触画出起伏的深色效果，用泛白的浅蓝灰色表现面料的厚度。

03 新建图层，用"新选 / 粗针"画出明线装饰，注意用线要连贯，尽量避免中断，局部需要画出双明线。在牛仔面料图层沿着线迹画出一些深蓝灰色的阴影。

 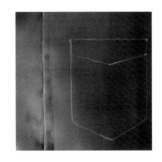 

04 用"新选 / 软色蜡笔 2"加深暗面，用浅色提亮亮面，表现洗水效果。在边缘部分进一步加深拼接线，增强面料的厚度感。

05 在线迹图层下面新建图层，用"新选 / 杂色画笔"增加牛仔的粗糙肌理感，注意笔刷一定要调大。选中线迹图层，新建图层，用"新选 / 软色蜡笔 2"绘制线迹的明暗。

5.3.2　牛仔套装

　　该案例是露肩的牛仔套装，运用金属链、金属腰带扣与牛仔的粗犷风格对比，表现出强烈的反差效果。为了凸显牛仔蓝和耀眼金黄色的对比效果，在绘制时可以考虑把人物整体表现为黑白影调，使画面的色调更为明朗简约。

01　新建正方形画布，用"新选 / 中起稿铅笔"绘制人物的大形，然后新建图层，刻画头部、肩部和手，注意表现出虚实变化，并对明暗稍作表现。用"新选 / 服装轮廓"勾勒牛仔套装的轮廓线，以及金属链部分的外轮廓和大致的结构等。

02　复制人物和牛仔套装轮廓图层，将其设置为"正片叠底"模式，使画面明暗对比效果更为强烈。将复制的两个图层分别与人物和牛仔套装轮廓图层合并。选中合并后的人物图层，用"新选 / 服装轮廓"描绘阴影和细节。

03　在合并后的牛仔套装轮廓图层下方新建图层，用"新选 / 大起稿铅笔"斜向涂抹，为牛仔套装上色。注意用笔要利落，为上衣整体上色，在袖子部分画出褶皱，裤装随着腿的方向用笔，画出大腿根部的褶皱和手在裤装上的投影，用橡皮擦擦掉服装轮廓外多余的颜色。

04 用"新选／服装轮廓"画出金属链、金手镯和金属腰带扣的固有色彩，注意表现出亮面和暗面层次。接着为指甲上色，用"新选／小浅色画笔"画出金色饰物的高光，表现出金属的光泽感。选中牛仔套装图层，用"新选／大起稿铅笔"加深金属链在牛仔面料上的投影，并进一步加强牛仔套装的明暗对比。用"新选／柔和炭笔"加深头发的暗部，加强五官的轮廓。在人物图层下新建图层，用灰粉色结合"新选／柔和色粉笔"笔刷绘制腮红、嘴唇等。

05 在人物和牛仔套装图层的最底层新建图层，用灰色结合"新选／软色蜡笔"笔刷斜向画出背景色块，注意用笔要一气呵成，然后为人物的皮肤上色。用"新选／中浅色画笔"结合较透明的深色，沿着人物外轮廓绘制暗部。用"新选／中浅色画笔"在人物和服装部分画出高光。

06 用"新选／勾线平涂"沿着人物和服装轮廓，以及头发丝勾勒一些具有粗细变化的提亮线。运用蒙版工具和银色闪粉图片素材把提亮线变成银色闪粉线。用"新选／闪光"在闪粉线上画出一些白色光点。

5.4　皮革皮草材质

皮革皮草材质在服装和饰品中应用广泛、品种繁多，均有天然和人造两大类。

5.4.1　鳄鱼皮手提包

该案例的材质是较硬朗的鳄鱼皮，它是光面皮中较特殊的一种，需要先表现出皮革的光感，再局部绘制鳄鱼皮的纹理。

01　新建紫灰色背景的正方形画布，用"新选 / 油画干笔刷"绘制模特的头发和概括的轮廓线，用"新选 / 圆头柔和油画笔"填充肤色并表现明暗。用"新选 / 方头纹理"画出手提包的固有色、暗面及轮廓。绘制人物的面部细节。

02　用"新选 / 平画笔"绘制衬衫底色。用"新选 / 服装轮廓"勾勒手提包的轮廓、结构和细节。用"新选 / 中方头湿马克笔"加深手提包的暗面，并提亮手提包的亮面，注意笔触要长而连贯，突出皮革的块面感，然后缩小画笔，勾勒亮部的鳄鱼纹。接着绘制背景。

03　用"新选 / 圆头中油画笔"绘制衬衫上的绿色花纹。用"新选 / 干马克笔"绘制鳄鱼纹，注意不要画得太满。

04 刻画人物手部、耳饰等。然后用"新选 /
小浅色画笔"绘制鳄鱼皮和手提包上金
属配件的高光，并用亮色勾勒人物的外
轮廓，以加强光泽感。

> **提示** →
>
> 　　在表现材质的时候，需要在众
> 多笔刷中选用自己最熟悉的。任何
> 笔刷都不是唯一和不可替代的，可
> 以多尝试，了解不同笔刷的特性，
> 这样才能灵活运用。

5.4.2　山羊毛外套

　　绘制皮草服装的时候，需要先判断皮毛的长短和软硬程度，再根据其特点进行适合的表现。皮毛越长，服
装越厚，与人体的空间也越大，如狐狸毛、山羊毛等；有些皮草材料的皮毛不太长，或者经过了剪绒，服装没
有那么厚，材质也颇为柔软。

　　该案例是一件山羊毛外套，皮毛长而柔软，光泽感好。绘制时需要表现外套毛茸茸的外轮廓，突出亮面和
暗面的颜色对比效果。

01 新建画布，用"新选 /
中起稿铅笔"勾勒人物
和服装的轮廓。注意服
装厚实，与人体的空间
较大，轮廓比较饱满。
在领子底部、腰部、袖口、
肘部及衣摆侧面和底部
绘制出毛茸茸的效果。

02 用勾线平涂法为人
物的皮肤上色。新建
图层，用"新选 / 柔
和色粉笔"绘制头
发、皮肤明暗和人物
妆容。

03 在线稿图层底下新建图层，用"新选／湿画晕染"为皮草平铺上色，并大致表现皮草的明暗。局部使用涂抹工具对固有色进行模糊处理。

04 在皮草颜色图层用"新选／湿画晕染"加深皮草的暗面，如领子底部、袖子两侧、前门襟、底摆的侧面和底部等。然后用涂抹工具顺着皮毛下垂的方向一笔笔地勾勒，笔触要柔和，表现出皮草柔软的质地和飘逸感。

05 用 Procreate 自带的"有机／紫貂"笔刷加深服装的暗面，并提亮皮草的亮面，注意用曲线顺着皮毛生长的方向表现，加强皮毛的肌理感和光泽感。

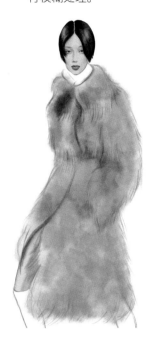

06 刻画服装的细节，如衣领、腰带等。然后绘制高筒靴。在人物和服装下方新建图层，平涂蓝灰色作为背景。新建图层，用较深的"新选／圆形渗透水花印章"画出放射状的蓝灰色圆形，用调整工具将这个图层的圆形调至合适的大小。用同样的方法在背景上画出一个浅色水花。用"新选／杂色画笔"画出一些颗粒状的背景肌理，并用 Procreate 自带的"元素／大风雪"轻点出一些雪花，为画面增加冬季氛围。

提示 →

绘制皮草时，用曲线绘制外轮廓线，表现出皮草柔软的质地，用强烈的明暗对比来表现皮草的光泽度。局部使用一些皮毛类的笔刷来绘制，凸显皮草真实的质感，绘制时笔触要随着皮毛生长的方向向下移动，表现出柔顺而蓬松的质感。

5.5 网状材质

该案例中，头纱运用了细网状材
质，使用量大，层数较多。细网具有
一定的柔软度，网格较稀疏，具有较
好的透明感。网状材质的颜色较浅，
需要用深色的背景来衬托。

01 新建画布，用棕褐色结合"新选／中起稿铅笔"
笔刷勾勒铅笔稿，保留快速勾勒的笔触，不必
过于精细。在铅笔稿图层下方新建图层，用"新
选／湿亚克力"绘制肤色、发色及上衣的底色。

02 用"新选／软质铅笔"绘制深棕色和深红的
背景色块。

03 进一步加深、填实背景色块，用橡皮擦把皮
肤下面的背景色擦除干净，然后表现皮肤的
暗部。用"新选／起稿铅笔"绘制人物的眼妆。

第 5 章　Procreate：时装画材质与工艺表现

04 在背景色和人物图层之间新建图层，用 Procreate 自带的"纹理 / 网格"笔刷绘制部分网格，紧接着用"调整 > 溶解 > 推"功能将网格变形，使网格呈现出柔软的质地，这样一层层叠加，使底层网格颜色深、上层网格颜色浅。叠加 3~5 层变形的网格后，用 Procreate 自带的"有机 / 细枝"笔刷勾勒网状材料的轮廓。

05 在最上层新建图层，用勾线平涂画笔勾勒出衣服上粗细变化的立体装饰，选择蒙版工具，结合玫瑰金闪粉图片素材，将立体装饰变成玫瑰金闪粉质感。用"新选 / 中浅色画笔"绘制胸前红、黑色装饰物，以及模特的耳饰。

06 用"新选 / 中浅色画笔"刻画模特的妆容、高光和皮肤影调，加深衣服底色的暗面，绘制模特的头饰。

07 使用"新选／中浅色画笔"加强画面的暗部，并提亮高光。人物与背景、网纱与背景、人物与网纱之间的阴影都要加强，光与影的呼应有助于提升画面的氛围感，营造强烈的视觉冲击力。

提示 →

"新选／小浅色画笔"和"新选／中浅色画笔"是具有发光效果的笔刷，但不限于表现高光，将其不透明度调低，选取深色时可以用来表现阴影，则具有一种梦幻效果。如果加重笔触，则可以画出闪亮的发光点。所以，这两个笔刷的运用十分广泛，运用方式也非常灵活。

5.6 针织材质

5.6.1 针织常用笔刷及使用方法

针织材质纹理较为复杂，如果是一些比较特殊的织造方式或构图，我们需要耐心地绘制出其针法及浮雕效果。但如果是一些较为常见的针织纹理，可以借助一些特定笔刷直接平涂上色后再进一步加工。

"新选 / 跳针"笔刷：将笔刷调至半透明，平涂后的效果如下。

"新选 / 粗针针织"笔刷：将笔刷调至半透明，平涂后的效果如下。

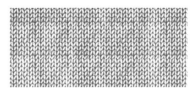

"新选 / 针织罗纹"笔刷：将笔刷调至半透明，平涂后的效果如下。

"新选 / 大麻花针"笔刷：将笔刷调至半透明，平涂后的效果如下。

"新选 / 麻花针"笔刷：将笔刷调至半透明，平涂后的效果如下。

"新选 / 针织平纹"笔刷：将笔刷调至半透明，平涂后的效果如下。

> **提示** →
>
> 以上笔刷可以根据要表现的服饰色彩选取颜色。绘制针织纹理时一定要把针织笔刷调至合适的大小，平涂的面积比针织服装的区域大一些，平涂以后再用"调整 > 溶解"选项处理针织面料的空间效果，使图案有立体感。
>
> 针织纹理绘制好以后，可以借助调整工具调整色彩和对比关系，并使用其他的笔刷完善针织服装的明暗关系。

5.6.2 拼色针织毛衣

1 绘制针织面料素材

用针织笔刷结合其他笔刷在单独的画布上完成所需的针织面料，调至合适的比例和色彩，保存为 JPG 格式图片。

面料 1：用"新选 / 大麻花针"绘制黑色针织面料。

面料 2：用"新选 / 针织平纹"结合其他笔刷绘制粉色针织面料。

面料 3：用"新选 / 跳针"完成肉粉色针织面料。

01 根据服装的颜色新建彩色画布。绘制以黑色为主的服装时，通常需要将背景设置成彩度较高的颜色，以提高画面的色彩感。用"人体／爆炸头模特头部"在画面中绘制一个头部，用"新选／中起稿铅笔"完善其他部分的铅笔稿。

02 在线稿图层下面新建图层，用勾线平涂法为毛衣填充实色。选中图层，新建图层后导入面料 1 并制作一个蒙版，添加黑色毛衣面料。为了看清图层上下顺序，此处将黑色毛衣蒙版图层的不透明度设置为 35%。

03 用"新选／针织罗纹"单独绘制图片后插入毛衣面料上方，用"调整 > 溶解"选项对罗纹进行变形，使其成为毛衣的衣领。

04 用勾线平涂法和蒙版法画出面料 2 和面料 3 的区域，即使边缘部分有些生硬也没有关系。

05 用"新选 / 软色蜡笔 1"和"新选 / 中起稿铅笔"笔刷对 3 种针织面料进行加工，绘制阴影、高光等，刻画针织毛衣的细节。局部用"新选 / 中浅色画笔"提亮肩部、领子等处。用"新选 / 中起稿铅笔"绘制皮肤、妆容，以及头发的明暗等。用"新选 / 杂色画笔"绘制背景的光和影。在最上层新建图层，完成项链的绘制，注意绘制项链在毛衣上的投影。

5.7 人造立体花材质

5.7.1 金字塔形立体花缎面礼服

该案例是一条肉粉色缎面礼服，其中有手工立体花叶装饰。通常我们需要先完成主体服装的绘制，再添加装饰物。

01 在新建的正方形画布上画出一个正面站立姿势的模特。用"新选 / 服装轮廓"勾勒裙装的轮廓、结构和主要的褶皱线，注意肩部、腰部、底摆部分用线较实。在人体和裙装线稿图层之间新建图层，用勾线平涂法为整个裙装填充白色。

iPad + Procreate 时装画绘制与表现 从入门到精通

02 在白色图层上新建图层，选中白色图层，在新的图层中用"新选／湿亚克力"概括出肉粉色礼服的固有色和暗面，褶皱亮面留白以表现缎面的光泽感。

03 在固有色图层上新建图层，继续用上一笔刷加深裙装褶皱处的暗面，注意颜色要暗一些，不宜过于鲜艳。

04 进一步完善裙装的明暗关系，使颜色更贴近原本的色彩，注意裙摆部分和裙摆层叠部分的颜色较深。在最上方的图层上新建图层，用"新选／圆头中油画笔"勾勒立体花的轮廓和基本色块，并在裙装图层绘制花朵在裙子上的投影。

05　用"新选/服装轮廓"勾勒立体花的叶子,并加深花叶的明暗关系,接着绘制鞋子。

提示　→

　　为了突出立体花的立体感,一定要使花朵装饰的边缘超过服装的外轮廓线,且装饰物的明暗基本不受服装明暗的影响。另外,要加深立体花在裙装上的投影,以表现它们与裙装的连接关系。

06　用"新选/虚幻背景"绘制灰色的背景,注意笔触要轻柔。然后新建图层,用"新选/圆形毛笔水花印章"画出画面右侧的水花,并将其调至合适的大小。用"新选/湿亚克力"叠加表现灰色和亮绿色的背景色。用"新选/中浅色画笔"绘制人物、裙装、背景和地面的深灰色暗部,加深裙装的局部,增加缎面的光泽感。用"新选/松散水点"绘制一些灰色的水点,使画面更具艺术性。

5.7.2　仿真立体花连衣裙

　　这款裙装色彩丰富，具有较强的艺术性，且服装表面的立体花比较密集，工艺极为逼真，需要突出表现。绘制时可以选择半身构图，不表现模特完整的腿部。Procreate 绘画的一大优势是可以在同一画面中表现水彩、水墨、油画等多种特效，而不受画材的限制。所以，在该案例中，尝试用油画质地的笔刷来突出立体花的真实感和浓郁色彩，背景则添加一些水性颜料的肌理。

01　新建正方形画布，用"人体 / 骨盆突出体 7"画出一个人体姿态线稿并调至合适的大小。用"新选 / 中起稿铅笔"重新绘制模特的头部。新建图层，用"新选 / 中起稿铅笔"绘制服装大形，包括立体花的位置和形态。

02　将背景颜色调为灰色。在人物线稿下方新建图层，用勾线平涂法填充肤色。在裙装线稿下方新建图层，用勾线平涂法填充灰色，并调低图层的不透明度，使其呈现纱质效果。

03　在人物线稿图层上方新建图层，用"新选 / 柔和色粉笔"绘制人物外露的皮肤和头发的明暗影调。

04 选中薄纱图层，新建图层，在新图层中用 "新选 / 杂色画笔" 绘制薄纱的暗部。接着完善人物的面部。

06 刻画立体花的细节，如添加叶子、花蕊等，并绘制花朵的轮廓和花瓣的纹理。

07 在步骤 05 新建的薄纱暗部图层中用深灰色结合 "新选 / 中起稿铅笔" 笔刷绘制立体花在薄纱上的投影，以凸显立体效果。

用"新选/水渍 1"绘制背景左侧的晕染效果,并用变换变形工具将其调整到合适的大小。用"新选/水墨印章"绘制背景右侧的晕染效果,同样调整为合适的大小和方向。用"新选/中浅色画笔"绘制人物在背景上的深灰色阴影。用"新选/细水点"和"新选/松散水点"绘制一些背景中的水渍。在最上方的图层上新建图层,用"新选/勾线平涂"沿着立体花的花蕊和边缘勾一些提亮线,用"新选/六边形小碎片"画出一些闪粉碎片,导入银色闪粉图片素材,用蒙版法把这些提亮线和六边形小碎片变成银色闪粉效果,使其看上去像散落的碎钻。用"新选/十字闪光"和"新选/闪光"等笔刷画一些白色的闪光效果。

5.8 PVC 材质

PVC 是一种塑料材质，具有防水、透明和有光泽等特点。表现 PVC 材质时需要先完成里层的人体或者服装的绘制。PVC 材质和皮革材质类似，具有鲜明的块面感，用笔需要连贯、利落和硬朗。

本案例是一款艳丽的玫红色豹纹 PVC 外套，豹纹部分是不透明的图案，需要提前在一张单独的画布上绘制好，并将其转化为"新选 / 空底豹纹印花"笔刷，便于后期灵活使用。

豹纹图案

01　新建画布，用"人体 / 正面行走 1"笔刷画出一个人体姿态线稿，将其调至合适的大小。用"新选 / 中起稿铅笔"重新绘制模特的头部。用"新选 / 中起稿铅笔"绘制服装的轮廓线。参照第 2 章完成人体的上色，用勾线平涂法画出上衣的颜色，并调整该图层的不透明度，使其呈现薄纱的效果。用勾线平涂法画出不透明的衣领。用勾线平涂法画出短上衣和短裤的色块，用"新选 / 中方头湿马克笔"以 Z 字形笔触绘制亮面和暗面的光影，块面感较强的阴影和高光能表现出强烈的光泽度和硬朗的材质特点。将最上层的外套铅笔稿用"调整 > 色调、饱和度、亮度"选项调成黑灰色。

02　用"新选 / 圆点平涂"绘制短上衣和短裤的闪片，参照 5.1.1 小节的原理。

03 用勾线平涂法勾勒 PVC 材质部
分并填充玫红色，调整这个图层
的不透明度，使其呈现透明的效
果。用"新选/中方头湿马克笔"
按照外套褶皱的方向利落且连贯
地画出暗面，用折线画出高光，
呈现出外套的底色。

04 新建图层，选中外套图层，用"新
选/空底豹纹印花"在新图层
填充豹纹图案。选中豹纹图层，
用"新选/大起稿铅笔"绘制
豹纹的高光和暗面。新建图层，
用"新选/六角网纱"绘制袜
子的纹理，并用"新选/中起
稿铅笔"绘制袜子的暗面阴影。
用"新选/服装轮廓"绘制帽
子和鞋。

将背景色调为紫粉色。新建图层，用"新选 / 大羽毛"结合粉白色和紫灰色表现背景明暗。运用"新选 / 中浅色画笔"在模特两侧勾勒一些白色的光晕，可加强画面的现代感。

提示 →

此案例面料层次较多，需要从里到外逐层分析其固有色、材质特点、明暗关系等。

5.9 粗花呢面料

5.9.1 粗花呢金属纽扣上衣

这是一件超现实主义风格的粗花呢外套。画面中，头饰、项链、戒指、手套，以及外套上的金属皮革配饰和金属纽扣都与粗花呢产生了鲜明的材质对比，营造出强烈的视觉冲击力。在绘制这一案例时，需要注意充分展现每种材质的特点，以凸显这一设计的风格特点。

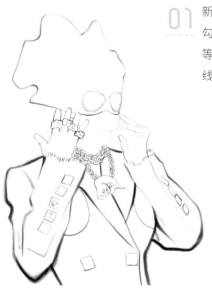

01 新建正方形画布，用"新选/服装轮廓"勾勒线稿，注意把首饰、纽扣、眼镜等造型表现准确。服装部分用粗轮廓线表现，以突出粗花呢的厚度。

02 用勾线平涂法对每个区域进行上色。不同的颜色在不同的图层中，并注意图层的前后关系依次为：金黄色、米灰色、黑灰色、肤色。

03 在肤色图层上新建图层，用"新选/柔和色粉笔"刻画肤色和五官明暗。

04 在米灰色图层上新建图层，选中米灰色图层，在新图层上用"新选／圆头中油画笔"绘制米白和灰色的粗格纹。注意笔触要放松，顺着人体的起伏表现出一定的曲度。

05 用"新选／圆头中油画笔"进一步绘制橘黄色和黑色的花纹，并结合"新选／双平针"加强粗花呢的纹理。在金黄色图层上新建图层，用"新选／中方头湿马克笔"绘制金属头饰的暗面。

06 参照 5.1 节绘制金属色材质的原理，完成头饰、戒指、纽扣、项链和胸部金色皮革的材质表现。参照5.4.1 小节，完成手套的皮革材质表现。设置背景色为赭石色，用"新选／超大起稿铅笔"斜向绘制出背景的光与影，在画面右侧人物与背景相接处绘制一个深色的阴影来衬托人物。在画面左侧用"新选／中浅色画笔"沿着人物绘制白色光晕效果。

提示 →

　　绘制粗花呢材料时需要注意对边缘的处理，比如该案例袖口部分，要用"新选／中起稿铅笔"画出毛边效果。

5.9.2　红色粗花呢套装

　　该案例是红色的粗花呢套装，搭配牛仔抹胸和皮裤，色彩对比突出，设计风格比较张扬。将背景设置为光影突出的红色豹纹，使画面风格更为统一。

01　新建正方形画布，用"人体 / 骨盆突出体 2"画一个人体姿态线稿，将其调整至适当的大小，用"新选 / 中起稿铅笔"重新绘制头部和扶着包的右手。用"新选 / 中起稿铅笔"绘制服装的铅笔稿，注意红色粗花呢套装较为宽松，需要留出与人体之间的空间。线条方中带圆，绘制出肘部和手腕处的褶皱，以及外套底摆的毛边。

02　整理服装的轮廓线，加粗外轮廓。按照人体的动势方向画出粗花呢的纹理走向，以及项链、手套、斜挎包等轮廓线。

03　在人体线稿图层上新建图层，用勾线平涂法填充肤色。用"新选 / 中起稿铅笔"绘制五官、妆容、皮肤明暗，以及头发。

04 在铅笔稿图层下新建图层，用勾线平涂法为牛仔抹胸、手套、腰带、皮裤上底色，然后表现其明暗。参照 5.3 节和 5.4 节完成牛仔和皮革的材质表现。

05 在铅笔稿图层下新建图层，用勾线平涂法为红色粗花呢套装上底色。

06 用"新选 / 圆头中油画笔"绘制粗花呢的纹理。用勾线平涂法为斜挎包上底色，用"新选 /服装轮廓"绘制斜挎包的明暗和金属配件。接着刻画项链。

iPad + Procreate 时装画技法与表现 从入门到精通

07 平铺一个暗红色
背景。

08 完善人物的头发、肤色和妆容。然
后用"新选 / 空底豹纹印花"绘制
豹纹背景，用"新选 / 杂色画笔"
和"新选 / 中浅色画笔"笔刷完善
背景的光影。

5.10 印花与刺绣

5.10.1 印花

1 丝绒印花连衣裙

这是一款具有一定厚度的丝绒印花面料连衣裙，印花图案较为模糊，有种毛茸茸的柔和质感。可结合使用"新选 / 柔和色粉笔"和"新选 / 湿亚克力"笔刷勾勒出曲线感较强、比较粗的轮廓线。绘制印花时，用"新选 / 柔和色粉笔"和"新选 / 大起稿铅笔"笔刷不断叠加，表现出毛茸茸的柔和质感。因为丝绒具有一定的光泽度，用"新选 / 中浅色画笔"提亮丝绒的褶皱。

2 印花套装

这是做工精细的印花套装。内搭上衣为透明薄纱底布，外套和长裤均为缎面材质。由于花形较复杂，在绘制时，可以化繁为简，概括地表现整体效果，不需要面面俱到地表现每朵印花。内搭和外套上除了印花图案，还点缀了立体花，可参照5.7.1小节的原理凸显其立体效果。

01 新建正方形画布，用"新选/服装轮廓"勾勒线稿。长裤上的印花不是立体的，则不需要勾勒轮廓线，内搭和外套上的立体花需要勾勒轮廓线。

02 用"新选/湿亚克力"表现人物的肤色、妆容、头发，以及内搭服装的底色。用"新选/软色蜡笔2"绘制外套的底色和暗面，将亮面做留白处理。

03 加深外套的暗面和色彩浓度。用同样的方法绘制长裤的底色和明暗。

04 用"新选 / 湿亚克力"绘制长裤
上的印花图案，注意区分暗面和
亮面的颜色深浅。

05 用"新选 / 圆点平涂"绘制外套和内
搭上的印花和立体花。用"新选 / 小
浅色画笔"绘制钻石金属网头纱。

06 用"新选 / 中浅色画笔"绘
制人物侧面和底面的阴影。
注意，此图可保存为白底色
完成稿版本。

07 用"新选 / 超大起稿铅笔"和"新
选 / 服装轮廓"笔刷绘制背景。

08 在背景图层下新建图层,填入黑色背景色,
用橡皮擦擦出想要提亮的部分。服装在深
色背景中会显得更醒目。

5.10.2　印花与刺绣结合

　　这是色彩丰富、工艺精湛的套装，上衣使用缎面五角星印花面料，半裙由亮片绣、贴布绣结合缎面制作而成。工艺越复杂，绘制时需要使用的笔刷和技法越丰富。上衣使用"新选 / 星星"笔刷绘制五角星，半裙则采用多层次的勾线平涂法完成。

01 新建画布，用"人体 / 骨盆内收体 5"画一个人体姿态线稿，并将其调整至合适的大小和位置。用"新选 / 中起稿铅笔"重新绘制人物的头部和手臂。用"新选 / 中起稿铅笔"勾勒服装和饰品的轮廓和简单的明暗，注意腰部、肘部、袖口、底摆等处的线条需要加粗。

02 用橡皮擦擦除被服装遮挡的人体线稿，将人物与服装线稿图层合并。在线稿图层下新建图层，用勾线平涂法为皮肤和头发上固有色。用"新选 / 中起稿铅笔"绘制头发暗面和皮肤明暗，注意画出辫子的结构。

03 绘制眼镜、上衣、半裙、腰带、手套、手包、袜子、鞋子时，分别新建不同的图层，用勾线平涂法填充相应的底色。注意，为不同的颜色设置不同的图层，如手包有橘色和红色两个图层。

04 新建图层，选中上衣图层，在新图层用"新选／星星"画出大小不一的五角星图案。勾勒半裙上的金色图案轮廓。用勾线平涂法为裙子上的印花图案上色，注意将不同颜色设置在不同的图层中。接着刻画手套。

05 用"新选／大起稿铅笔"和"新选／中方头湿马克笔"笔刷逐层绘制面料的明暗。上衣和半裙均为缎面底色，需要绘制块面感较强的高光带和阴影。星星图层也需要表现明暗，使其具有金色的光泽感。

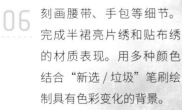

06 刻画腰带、手包等细节。完成半裙亮片绣和贴布绣的材质表现。用多种颜色结合"新选／垃圾"笔刷绘制具有色彩变化的背景。

5.11 蕾丝面料

蕾丝是很常见的服装材质，绘制时可以使用不同蕾丝面料的专用笔刷。该案例是白色的蕾丝套装，模特的发型、姿态和背景都具有一定的特色，蕾丝套装的轮廓和边缘十分清晰，需要结合选区工具来完成。

01 在 A4 纸上完成铅笔稿，扫描成 JPG 格式的图片导入 Procreate 画布中，将其调整至合适的大小，并设置铅笔稿图层为"正片叠底"模式。

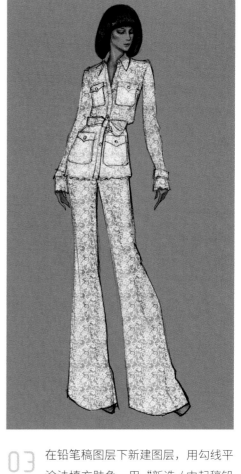

02 将画布的颜色设置为灰色，以衬托白色的服装。

03 在铅笔稿图层下新建图层，用勾线平涂法填充肤色。用"新选 / 中起稿铅笔"绘制人物的发型、妆容和皮肤的明暗。在铅笔稿下面新建图层，用勾线平涂法勾勒整个蕾丝区域并填充实色。新建图层，选中实色图层，在新图层用"新选 / 水溶蕾丝"把选区填满蕾丝纹理，然后删除实色图层，呈现出具有透视效果的蕾丝面料。

iPad + Procreate 时装画技法与表现从入门到精通

04 选中蕾丝图层，新建图层，用"新选 / 软色蜡笔 1"笔刷结合冷灰色绘制蕾丝套装的暗面，如躯干的侧面。此外，还需要随着腿部的动势画出裤装的褶皱。用勾线平涂法将服装中白色不透明的部分填色并绘制暗面。

05 用"新选 / 中方头湿马克笔"画出金属框，颜色一定要非常实，如果一层不够，可以多复制几次，直到不再透明，然后合并至一个单独的图层。导入金色纹理素材图，使用蒙版工具，将金属框更改为金色纹理，选中该图层，结合"新选 / 大起稿铅笔"做提亮和加深处理，增加金属框的光泽。在这个图层下新建图层，用"新选 / 中浅色画笔"绘制斜向灰绿色光带。在人物底下新建图层，用"新选 / 湿马克笔"画出模特在背景上的投影。在最上方的图层上新建图层，用"新选 / 小浅色画笔"沿着头部、上衣、口袋、裤子等边缘画一些提亮线，使人物在背景上更为突出。

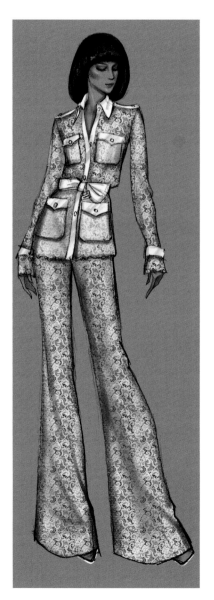

5.12 流苏材质

流苏材质长短不同，具有灵动、飘逸的特点。该案例是典型的长流苏材质，且为光泽感较强的银色流苏，可借助背景表现出神秘氛围，模特的深色皮肤将银色流苏衬托得更加耀眼。

01 在 A4 纸上绘制铅笔稿，扫描成 JPG 格式的图片并导入 Procreate 正方形画布中，调整其对比度和画面尺寸，设置图层为"正片叠底"模式。

02 用"新选 / 软色蜡笔 2"和"新选 / 大起稿铅笔"沿着人物两侧和服装底摆一层层画出灰色的柔和背景。用"新选 / 中起稿铅笔"填充人物的肤色，注意表现出流苏的纹理效果。

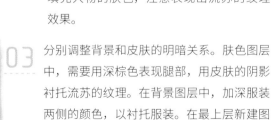

03 分别调整背景和皮肤的明暗关系。肤色图层中，需要用深棕色表现腿部，用皮肤的阴影衬托流苏的纹理。在背景图层中，加深服装两侧的颜色，以衬托服装。在最上层新建图层，用"新选 / 中起稿铅笔"和"新选 / 小浅色画笔"绘制银色流苏，注意底摆部分不要画得太密，以突出流苏的飘逸感。

iPad + Procreate 时装画技法与表现从入门到精通

04 加强靠近手臂和躯干部分的流苏的对比度。用"新选/小浅色画笔"时可选用不同的底色，这样画出来的高光点具有绚丽的彩色反光效果。在最上层新建图层，用"新选/闪光"画出高光。

提示 →

背景的表现不止一种方法。该案例的背景除了前面提到的绘制方法，还可以选择隐藏深色背景图层，在"背景颜色"图层上新建图层，用"新选/圆形毛笔水花印章"画出灰色的肌理，并将其调整至合适的大小，重复以上操作，制造第二个水花，完成白底色晕染水花的背景。根据新的背景进一步刻画流苏的细节，可以呈现一幅新的画面。

5.13 新型工艺

　　这是一件运用新材质和新工艺制作而成的连衣裙，层层叠叠，做工极为复杂，整体呈现出海浪般透明且具有神秘色彩的视觉效果。连衣裙中，线与面的结合、曲线与直线的结合颇为完美，既凸显了女性的身材曲线，又表现了自然风格。面对这样一件不同于传统样式的设计作品，在绘制时需要分析其造型规律，并用合适的笔刷和方法去呈现。

01 新建正方形画布，用"人体 / 正面行走 1"画一个人体姿态线稿，将其调整至合适的大小，再用"新选 / 中起稿铅笔"修改人物的发型。在人体图层底下新建图层，用勾线平涂法填充较深的灰色调的肤色，用"新选 / 中起稿铅笔"完善人物的头发、五官和皮肤的明暗。在最上层新建图层，用"新选 / 中起稿铅笔"勾画服装的轮廓和一层层的波浪造型。注意绘制主要结构时用线要实。

03 将服装底色图层的不透明度调低，使服装呈现透明纱质效果。新建图层，选中纱质图层，在新图层用"新选 / 湿亚克力"绘制多层纱的明暗，注意层叠越多，靠近手臂和腿部的颜色越深。

02 在人体图层上新建图层，用勾线平涂法绘制整个服装区域，并填充浅蓝灰色作为服装的底色。

04 在最上层新建图层，用"新选／服装轮廓"勾勒每一层纱边缘的曲线，用线必须工整、连贯、流畅。

05 在纱质阴影图层用"新选／湿亚克力"加深纱质局部的颜色，突出边缘装饰线。

06 适当调整纱质曲线的颜色并画出高光。在最底层新建多个图层，分别用"新选／水墨印章""新选／圆形毛笔水花印章""新选／长水滴""新选／单水滴"笔刷绘制灰色背景，注意每个图层中只有一种印章，这便于分别调整其大小、位置和方向，使多个图层形成一个融合而统一的背景。最后用"新选／中浅色画笔"绘制地面上的阴影。

5.14 珠宝材质

5.14.1 强光感圆珠

　　该案例是一款点缀了圆珠的上衣。圆珠具有强烈的光泽，用现有圆珠笔刷无法表现出理想的立体感和光泽度，需要单个表现。

01 新建画布，用"新选/服装轮廓"绘制线稿，注意头发和五官用线较浅、较细，外轮廓和珠子用线较重、较粗，用线条突出头发和珠子等特点。

02 在线稿图层下面新建图层，用"新选/湿亚克力"表现人物的肤色和五官，以及上衣的底色。注意上衣的底色较深，必要处用涂抹工具进行色彩过渡。

03 用"新选/湿亚克力"绘制上衣深色薄纱。用"新选/服装轮廓"和"新选/柔和色粉笔"绘制卷发的明暗。注意亮面留白，靠近人物面部轮廓处的头发的颜色更深。

04 在最上层新建图层，用"新选 / 中浅色画笔"绘制不同颜色的珠子，注意疏密关系。假设一处光源，珠子受光面比不受光面亮，靠近不受光面的边缘有反光，反光比亮面的面积小。刻画耳饰。

05 继续刻画珠子。用"新选 / 大羽毛"绘制绿色的背景，靠近人物的颜色较深，注意用笔要轻松且富有变化。进一步细化头发，并用Procreate 自带的"有机 / 大麻"笔刷勾勒头发外圈的提亮线，使人物更加突出。

提示 →

在一些重要区域的珠子上，用"新选 / 闪光"和Procreate 自带的"抽象 / 骨针"绘制高光。在薄纱上绘制珠子的投影，可以使它们更加立体。

5.14.2 切面宝石

切面宝石的表现技法与珠子不同，切面宝石在画面中或大而突出，或小而密集，需要用不同的技法来表现。

1 幻彩大切面宝石

该案例中，耳饰用较大的幻彩切面宝石制作而成。起稿时，除了要画出耳饰的整体设计造型，每一颗宝石的切面也要绘制出来，可先用"新选 / 细起稿铅笔"绘制一些交叉的直线以突出切面轮廓，再用"新选 / 中起稿铅笔"绘制切面的色泽。

为了表现宝石的明净透亮和硬度，色块中要有极深的颜色和极亮的高光，切面中要有反光，绘制时用笔要利落。完成切面的绘制后，还要用"新选／细起稿铅笔"再次提亮切面的棱角，并用"新选／闪光"和"抽象／骨针"提亮宝石的高光。

除了宝石部分，不要忽略大宝石的镶嵌工艺，即金属部分的表现，金属色表现原理参照 5.1 节。靠近宝石的金属边缘和金属爪要用"新选／小浅色画笔"提亮，靠近金属的宝石边缘要加深，强化两种材质的对比。

② 小型密集切面宝石

小型密集切面宝石常与大宝石或者珍珠搭配使用，由于其面积较小，而且成片出现，不可能一颗颗表现它们的每个切面，因此绘制时概括表现即可。

该案例中，戒指中间部分主要用上文的方法表现蓝宝石，蓝宝石周围镶嵌的小宝石用"新选／圆头湿润马克笔"绘制，注意区分层次，表现出小宝石的高光、暗面、反光等。由于小宝石小而密集，它们中有些亮面、暗面、反光整体概括即可。

提示　→

无论运用哪种笔刷绘制不同大小的切面宝石，都需要遵循一个基本的色彩规律，即必须包含从极亮到极暗的色阶。如果缺乏极亮的高光和极暗的暗面，宝石的光泽度就很难表现。

另外，切面宝石的切面可具象也可抽象，绘制时笔触要生硬，用直线才能突出宝石的硬度。无论是宝石还是金属，硬朗的材质都要用非常深而且清晰的轮廓线，这样才能凸显材质的特点。

第 6 章

Procreate
时装画
风格表现

06

时装画

掌握了时装画的着装、材质与工艺表现后，为了提升时装画的画面效果，我们需要对画面风格有进一步的了解，并运用一些绘画的技法来进行风格表现。在选取绘画素材时，要对画面的立意和风格进行一个相对清晰的定位，而不是完全受素材本身的牵引。创作者要善于在面对不同表现对象时进行主观转化，赋予其一定的意义。

影响风格表现的因素较多，如画面的构图、色调的选取、笔刷的运用、内容的取舍、氛围的渲染等。要完成一个具有强烈艺术风格的作品，除了掌握绘画技巧，还离不开作者日积月累的审美修养和创作经验。下面用一些具体案例来讲解时装画的典型风格表现方式。

6.1　简约风格

简约风格一直是时装画创作者追求的，其效果强烈而不易过时。简约具体体现在构图、造型、明暗和色彩的简化、概括，以及画面中重点的突出。下面的案例用深色的单色背景和简化人物形象来突出钻石首饰的璀璨，省去刻画人物和服装的颜色，简化了人物的发型和服装款式，用红唇与墨绿色背景做对比，突出画面的视觉中心，将观者的视线集中到画面中人物的面部和手部，也就是耳饰和戒指附近，深色背景有助于凸显首饰的强烈光感。

01 新建正方形画布，绘制眉毛、鼻底的辅助线，以及鼻梁所在的中心线，也就是面部的对称轴。根据辅助线绘制一个正面略微低头的模特头部。

02 用"新选 / 中起稿铅笔"勾勒和完善模特的头部。在眼睛、颧骨等处绘制阴影。保存画面后，将其制作成一个"人体 / 模特头部"笔刷。

03 新建画布，用"人体 / 模特头部"笔刷画一个模特头部线稿，将其调至适宜的大小和位置。用"新选 / 中起稿铅笔"绘制肩部和手部等，用"新选 / 细起稿铅笔"绘制耳饰和戒指。

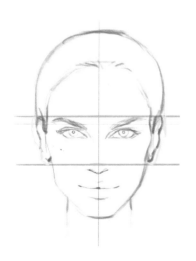

04 将背景设置为较深的灰绿色。

06 在水彩纸底纹图层上新建图层，用较大的"新选／湿亚克力"笔刷沿着人物头部两侧和肩部两侧画几笔，加深人物周围的阴影和背景中的亮色。用"新选／中浅色画笔"在额头、颧骨、肩头、手腕和头部等处勾勒高光。

07 在最上层新建图层，用白色结合"新选／细起稿铅笔"笔刷绘制珠宝的切面、高光和反光，然后刻画眼部。用红色结合"新选／细起稿铅笔"笔刷绘制红唇和指甲，注意画出红唇的阴影、高光等，使其更为突出。

6.2 浪漫风格

　　浪漫风格意味着具有柔美、精致和富有想象的艺术效果，因为能够给人们带来美好的幻想和憧憬而经久不衰。要表现浪漫风格的时装画，可以结合美妙的色彩、柔和的笔触、细腻的光影和精致的细节去营造浪漫氛围。

　　该案例表现了两位模特精致的妆容、灵动的眼神及其周围花团锦簇的场景。绘制时，要突出和强化视觉感受，并着重凸显模特的妆容。选用灰粉紫色背景，使画面色彩更加柔和、统一；人物肤色只在局部表现并晕染，突出人物的五官；用大量轻盈的曲线绘制人物周围的花卉，并在人物面部附近绘制一些闪粉，烘托浪漫气氛。

01　新建正方形画布，设置背景色为灰粉紫色。用"新选/中起稿铅笔"绘制人物头部的轮廓和阴影，用涂抹工具在人物脸部轮廓、鼻梁等处进行涂抹，使阴影更加柔和。

02　在线稿图层下面新建图层，用"新选/中起稿铅笔"绘制面部、颈部侧面的阴影，在鼻梁、鼻尖、额头等处轻轻画上高光，并绘制眼部、唇妆和腮红，用涂抹工具将肤色和妆容处理得更柔和。

03　在最上层新建图层，用"新选/圆头中油画笔"在人物头部周围画出花卉的大形。

04 用深紫、浅紫、粉色、苔藓绿等绘制花卉、叶子的轮廓和层次，注意用笔要尽量放松，通过深浅叠加画出层次。用"新选 / 软色蜡笔 1"绘制花卉局部雾状的边缘和阴影。

05 在最上层新建图层，用"新选 / 圆点平涂""新选 / 勾线平涂""新选 / 圆点笔刷闪片"笔刷绘制一些圆点和花卉轮廓线。

06 用蒙版工具和金色闪粉图片素材把绘制的圆点和部分花卉轮廓线替换成金色闪粉效果。用"新选 / 皮肤纹理"在脸颊上加深腮红的颜色，增加逼真的皮肤质感。

6.3 女性化风格

女性化风格的时装画有一些标志性的时尚元素，如蕾丝、薄纱、红唇、美甲、高跟鞋、珠宝等。

该案例是以女性内衣作为灵感而创作的，为了凸显女性风格，需要运用相应的笔刷突出画面中神秘而女性化的时尚元素。

01 新建深灰色底色的正方形画布，用"新选／中起稿铅笔"概括地勾勒人物和服饰的轮廓。

02 在线稿图层下面新建图层，用"新选／软色蜡笔2"轻轻画出皮肤的亮面和暗面，加深眼部，其他部分留白。用"新选／勾线平涂"勾勒口罩和内衣并填充裸色，注意在内衣与羽毛袖口相接部分勾画出羽毛的轮廓。

03 复制线稿图层，并设置为"正片叠底"模式，将两个线稿图层合并以加深人物的轮廓线。在线稿图层下新建图层，用"新选／大起稿铅笔"画出头发的暗面，注意要按照头发的走向分块面地表现，空出头发的亮面，用皮肤的暗面色在项链和手镯底下画一些阴影，以便后期更好地凸显镂空的珠宝和皮肤之间的关系。用"新选／中起稿铅笔"勾画人物的眉毛、眼睛和眼妆。

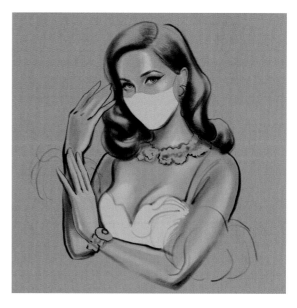

04 将裸色口罩和内衣图层设置为半透明状。在裸色平涂的图层上新建图层，用"新选 / 六角网纱""新选 / 大孔网纱"等笔刷绘制内衣和口罩的蕾丝网纱底色，注意暗面要叠加几层，然后用"新选 / 蕾丝花叶"在口罩和内衣上添加蕾丝花形。用"新选 / 细起稿铅笔"画出口罩和内衣的边缘花边。用"新选 / 水彩渗透"绘制半透明的黑纱袖子和手套。

05 用"新选 / 分叉大毛笔"结合涂抹工具以发散的笔触从中心向外绘制羽毛部分，注意用灰色和黑色结合，表现出明暗层次。

06 用"新选 / 服装轮廓"绘制红色的指甲。用"新选 / 圆头湿润马克笔"刻画耳饰、项链和手镯，注意要整体表现饰品的明暗。然后刻画头发的明暗。

07 用"新选 / 水墨印章"和"新选 / 柔和水点"表现背景。在最上层新建图层，用"新选 / 小浅色画笔"绘制宝石的高光。用浅灰色结合"新选 / 细起稿铅笔"笔刷绘制人物头发上的高光。

6.4 写实风格

Procreate 有着丰富的笔刷、强大的调整功能，用于创作写实风格的时装画十分便利。有些时尚大片有着极为特殊的视角和个性十足的光影效果，以这样的素材为创作灵感，需要用写实手法突出照片的特点，对于不太完美的造型予以改进和修正，再省略一些对画面没有帮助的部分，使画作呈现出写实风格。

该案例是一张黄昏中逆光视角的婚纱，这样特殊的光线有利于展现模特曼妙的身姿和衣服上精美的蕾丝，在绘制时需要用写实手法还原光影和场景。

01 新建正方形画布，用"人体 / 骨盆突出体 4"画一个人体姿态线稿。用橡皮擦擦除头部和手臂，再用"新选 / 细起稿铅笔"重新绘制。由于视角特殊，人体需要放在画面偏左的位置。用"新选 / 中起稿铅笔"绘制婚纱的轮廓，上半部分比较贴体，裙摆部分则需要用褶皱表现长裙垂下后拖地平铺的效果，注意褶皱用线较虚、较粗。擦除被婚纱遮挡部分的人体线稿。

02 在线稿图层下新建两个图层，用勾线平涂法分别勾勒并平涂肤色和婚纱的底色。婚纱用蓝灰色表现底色，因为整个人物是逆光站立的，所以即使是白色的裙子，其底色也是较暗的颜色。人物肤色用较深的棕色表现。

03 在肤色图层上新建图层，选中肤色平涂图层，在新图层上用"新选/中起稿铅笔"绘制皮肤的暗面、头发的暗面及五官的阴影，注意加重皮肤与婚纱相接部分的颜色。选中婚纱平涂的图层，新建图层，在新图层中用"新选/柔和湿画晕染"绘制婚纱的明暗。靠近外轮廓部分用一些粉橘棕色，这是阳光的颜色；靠近腿部的暗面用暖灰色和冷灰色，注意暗面要顺着裙摆褶皱的纹理来绘制。

04 在婚纱明暗图层的上层新建图层，将"新选/小蕾丝花""新选/三朵蕾丝花""新选/蕾丝花叶"等笔刷调成不同的不透明度，在婚纱上叠加绘制大小适宜的蕾丝花纹，注意疏密和明暗关系，以突出婚纱的半透明感。

用"新选／湿亚克力"绘制背景，
按照由远及近的顺序上色，天空用
淡蓝灰色，注意地平线部分和裙摆
周围的暗部用较重的颜色，靠近画
面下半部分的地面适当留白，使画
面有透气感，背景笔触要大而随意。

在最顶层新建图层，用"新选／中
起稿铅笔"绘制手臂周围的薄纱，
勾勒裙摆的轮廓，突出裙子的质感。
用 Procreate 自带的"亮度／漏光"
笔刷在模特的头部用橘色画出光晕
效果。

6.5 复古风格

复古风格的时装给人怀旧的感觉，这种风格的时装画旨在复刻一些曾经流行的时尚造型，在绘制的时候，可参照一些过去的照片。

该案例再现了 20 世纪初的时尚造型，用 Procreate 模仿色卡纸及色粉笔进行创作来加强复古风格。

01 新建正方形画布，用"新选 / 中起稿铅笔"绘制铅笔稿。在绘制时要运用笔刷的立锋和侧锋尽可能地表现铅笔速写的效果。

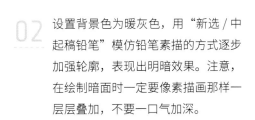

02 设置背景色为暖灰色，用"新选 / 中起稿铅笔"模仿铅笔素描的方式逐步加强轮廓，表现出明暗效果。注意，在绘制暗面时一定要像素描画那样一层层叠加，不要一口气加深。

03 在线稿图层下新建图层，用"新选/柔和炭笔"为丝绒面料上底色，注意褶皱的表现。用"新选/柔和炭笔"分区域上色。注意不同的色彩区域在上色时要新建图层。

04 刻画服装上的图案，因为是贴布绣工艺，所以要加深不同面料相接部分的颜色。绘制红色绸缎裙子，注意留出高光并加重暗面来表现光泽感。绘制鞋子的明暗。

05 用"新选/水彩纸底纹"平涂整个背景。用"新选/中起稿铅笔"刻画人物头部、手部、腿部和脚部。用"新选/中等喷嘴"绘制头部、手和脚附近的阴影。在人物轮廓附近用"新选/分叉大毛笔"轻轻勾勒阴影。在最上层新建图层，用"新选/服装轮廓"画出不同区域的亮片和高光。

6.6 唯美风格

在绘制唯美风格的时装画时，可以通过人物形象、画面光影、色调和笔触来强调其风格。

01 新建正方形画布，用"人体/正面行走 1"画一个人物姿态线稿，将其调至合适的大小和位置。擦掉头部和手臂，并用"新选/细起稿铅笔"重新绘制。在人体线稿图层下新建图层，用勾线平涂法为皮肤上色。在平涂图层上新建图层，选中肤色平涂图层，在新图层上用"新选/中起稿铅笔"绘制人物皮肤的影调，被服装遮挡的部分不画阴影，然后刻画人物的妆容。用"新选/圆头中油画笔"绘制人物的卷发。在顶层新建图层，用"新选/细起稿铅笔"绘制裙装的造型与结构轮廓。此服装轮廓较复杂，起稿时要注意取舍，绘制出关键的形态即可。

02 在另外一张画布上，用"新选/圆头大油画笔""新选/柔和炭笔"等多种笔刷绘制出抽象的面料图案，保存为JPG 格式的图片。

03 在人物画布的服装铅笔稿图层下新建图层，用勾线平涂法把整个服装薄纱部分平涂绘制一个选区，再用蒙版工具将上一步绘制的面料图片填充到选区，并将面料图层设置为合适的不透明度。然后画出耳环和鞋子的线稿。

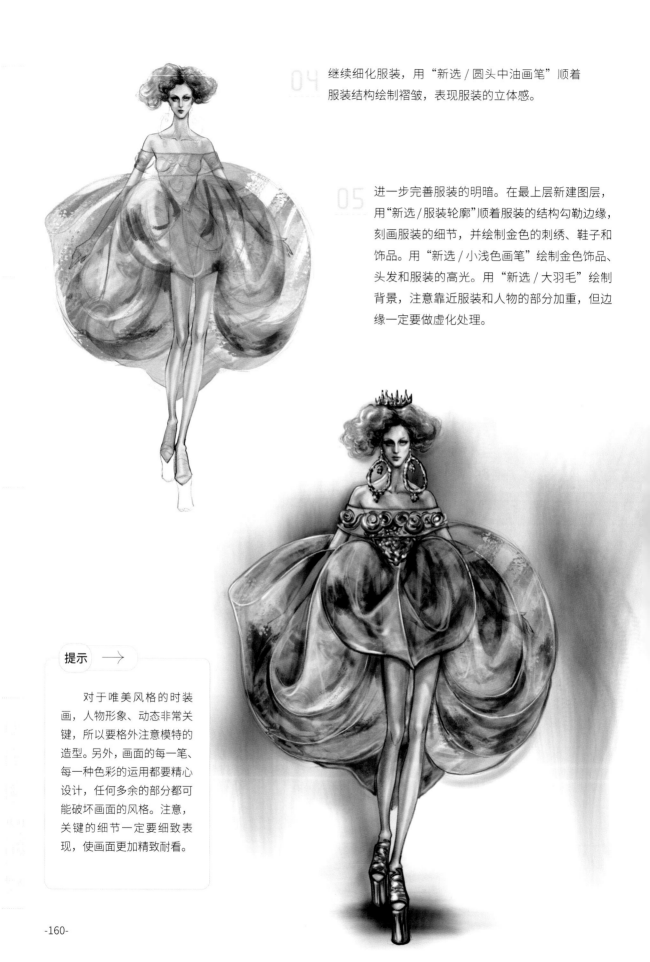

04 继续细化服装，用"新选/圆头中油画笔"顺着服装结构绘制褶皱，表现服装的立体感。

05 进一步完善服装的明暗。在最上层新建图层，用"新选/服装轮廓"顺着服装的结构勾勒边缘，刻画服装的细节，并绘制金色的刺绣、鞋子和饰品。用"新选/小浅色画笔"绘制金色饰品、头发和服装的高光。用"新选/大羽毛"绘制背景，注意靠近服装和人物的部分加重，但边缘一定要做虚化处理。

提示 →

对于唯美风格的时装画，人物形象、动态非常关键，所以要格外注意模特的造型。另外，画面的每一笔、每一种色彩的运用都要精心设计，任何多余的部分都可能破坏画面的风格。注意，关键的细节一定要细致表现，使画面更加精致耐看。

6.7 手绘风格

一般而言，我们并不主张用 Procreate 等数字绘画工具完全模仿手绘的效果，因为数字绘画有其自身的特点，有着不同于传统绘画作品的视觉效果和工作方式。但是我们可以在同一幅作品中将二者进行结合，并突出数字绘画与手绘作品的区别与各自的优势。

该案例是将人物、服装、背景和服装图案做拆分，用传统水彩绘制画面的 80% 内容，再用 Procreate 完成剩余部分的绘制，如服装图案。二者结合不仅可以使画面的手绘风格更加突出，还可以使画面具有纯手绘作品所不具备的效果。

01 在水彩纸上用水彩颜料绘制人物、服饰、背景等。注意在背景中强化水彩手绘的肌理效果，服装部分除了轮廓，还需要用水彩笔触表现一些阴影。绘制完成后扫描并导入 Procreate 画布中。

02 在 Procreate 中新建画布，将背景设置为浅灰色。用"新选 / 湿亚克力"绘制色彩柔和变化的底纹，再用"新选 / 中起稿铅笔"和"新选 / 铅笔排线"模仿素描的效果绘制手绘风格的图案，注意表现出树枝的粗细和疏密变化。完成后将图片保存至相册。

03 在 Procreate 中新建画布，将背景设置为浅灰色，用 Procreate 自带的"纹理 / 网格"笔刷填满整个画布。新建图层后，用"新选 / 中起稿铅笔"和 Procreate 自带的"抽象 / 骨针"笔刷绘制抽象的树枝图案，局部用涂抹工具处理成雾状，完成后将图片保存至相册。

提示 →

Procreate 中有很多笔刷与真实的手绘效果十分接近，但是如果在创作过程中由传统手绘完成其中的一些步骤，如起稿或者背景色，再导入 Procreate 中与数字绘画进行结合，则能强化手绘风格。

04 在 Procreate 中打开第一步的水彩时装画画布，在上衣部分贴入第二步完成的图案，将图层模式设置为"正片叠底"，将图案调至合适的大小，并用橡皮擦擦除多余的部分，设置图层的不透明度为 80%。用同样的方式在半裙区域贴入第三步的图案。贴好两块面料图片以后，用半透明的"新选 / 中方头湿马克笔"在图案上绘制服装的暗面、褶皱和高光，用白色结合"新选 / 细起稿铅笔"笔刷在裙装上和裙摆边缘绘制斜向交叉网纱，使贴入的图片与水彩画过渡自然。用"新选 / 轻触"和"新选 / 松散水点"在背景和裙摆上画一些白色和灰色的细水点，使传统水彩图片与数字绘画部分融合得更加自然。

未来风格

未来风格与人们的太空梦想和宇宙相关。有一些特定的时尚元素会让人自然而然地联想到未来风格,如星空、外星人、白色、银色、透明PVC材质、宇航服、高筒靴、闪片、宇宙飞船等。在表现未来风格的时装画时,可以在画面中插入这些元素来突出主题。

该案例以半透明银色塑胶闪片连体衣、银色口罩、银色长发和白色高筒靴为主要的时尚元素,借助类似于夜空的冷紫色调背景来烘托画面的氛围,使观者感受到一种带有未来幻想般的视觉效果。

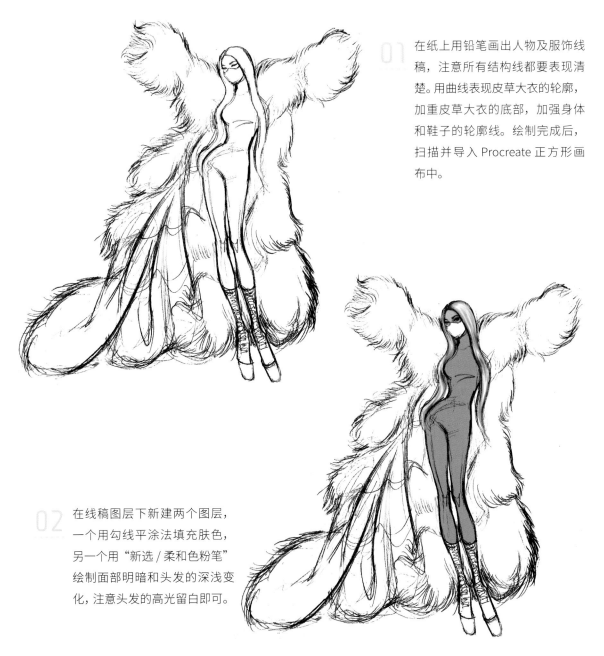

01 在纸上用铅笔画出人物及服饰线稿,注意所有结构线都要表现清楚。用曲线表现皮草大衣的轮廓,加重皮草大衣的底部,加强身体和鞋子的轮廓线。绘制完成后,扫描并导入 Procreate 正方形画布中。

02 在线稿图层下新建两个图层,一个用勾线平涂法填充肤色,另一个用"新选 / 柔和色粉笔"绘制面部明暗和头发的深浅变化,注意头发的高光留白即可。

03 在肤色图层上新建图层，选中肤色图层，在新图层上用"新选／闪亮"画出银色连体衣，主要用白色、灰色、深灰色、炭灰色等表现明暗关系。

04 用"新选／圆形渗透水花印章"和"新选／水彩棉球"等笔刷绘制深浅变化的紫色背景，加深皮草大衣底摆部分的颜色。用"新选／中起稿铅笔"绘制银色口罩。

05 用"新选／圆形毛笔水花印章"进一步加强背景的层次。用"新选／分叉大毛笔"绘制白色皮草大衣，注意适当调整笔刷的大小。用大笔刷绘制暗面，绘制亮面时颜色变浅，笔刷变小，最后用白色的细笔刷勾勒皮草的外轮廓。加强连体衣和头发的明暗，用白色填充高筒靴。

06 绘制高筒靴的明暗后，在最上层新建图层，用"新选／小浅色画笔"笔刷细化头发、口罩、眼妆，并绘制连体衣的银色高光。用"新选／闪光""新选／微光"和"新选／十字闪光"等笔刷点出连体衣上的亮光。注意调整每种笔刷的大小，绘制胸部、胯部、膝盖等凸起部分的高光时，笔刷较大且密。在皮草大衣图层下新建图层，用"新选／软色蜡笔"笔刷沿着皮草大衣和人物画一圈人物在背景上的投影。

提示 →

要表现未来风格，首先要选择具有未来风格的时尚元素。例如，该案例中的银色闪片连体衣、口罩和头发，这里刻意强化了其银色的光泽感，对于人物形象也进行了适当夸张表现，将人物的体型表现得更加纤细修长。绘制背景时，运用了多种笔刷来表现层次，使其更接近天空的感觉，引人联想。

6.9 都市风格

都市风格是时尚设计的重要主题，与现代人关系颇为密切，是时装画的主流风格之一。都市生活丰富多彩，都市中的场所也多种多样，为创作者提供了丰富的素材。最直接的都市题材是描绘城市地标。也有一些艺术家从咖啡厅、沙龙、博物馆、商场等室内场所汲取灵感。

该案例名为《大桥秀场》，以城市地标为背景来表现都市风格，以浓烈的色彩、鲜明的对比、摩登的人物形象来组织画面，将人物和都市背景分开绘制后再组合。通过这样的方法，能够为同一人物灵活地切换背景，创造更多的可能性。

01 人物及服饰参考前面案例进行绘制。借助一些抽象的水彩背景印章笔刷来快速完成简约的背景。图中背景由"新选 / 水渍 2""新选 / 长水滴"和"新选 / 单水滴"等笔刷绘制。

02 以"新选 / 圆头大油画笔""新选 / 服装轮廓""新选 / 大方头湿马克笔"等笔刷为主，在新的画布上绘制天空、桥梁和地面的整体色块，以及纱裙。用"新选 / 灯光 1"和"新选 / 灯光 2"绘制路灯和桥梁上的灯光，注意根据透视关系将其调至合适的大小。用"新选 / 小浅色画笔"画出大桥的名称。

提示　→

要想在时装画中塑造强烈的都市风格，一方面是人物形象和着装风格必须具有现代感，比如时装中可以多运用一些硬朗、新奇的材质，夸张的颜色和图案，并搭配一些引人注目的配饰；另一方面，画面中可以搭配一些都市背景，视角要比较独特，比如一些设计感比较强的摩天大楼或者形态独特的地标建筑等。

第 7 章

Procreate
主题时尚
插画创作

时装画

07

掌握了运用 Procreate 进行人物着装表现和时尚风格表达后，可以运用相关的技法进行更多主题时尚插画的创作，尝试更多的元素与手法，使作品具有更广泛的受众群体，拓展作品的传播途径，提升作品的商业价值。Procreate 的功能强大，为时尚插画创作提供了更多的可能性。

7.1　品牌合作时尚插画

时尚插画以时尚作为画面的表现主题和内容，是一个具有较强商业属性的独立门类。时尚插画具有时尚感、趣味性、艺术性和独特风格，对于观者有着其他艺术形式所不具备的吸引力，并能够作为桥梁与受众建立良好的互动，故而时常以多种形式被广泛运用于品牌的商业推广中。

7.1.1　时装品牌画册插画

这是一组为某女装品牌宣传手册绘制的系列时尚插画，以四幅不同场景的画面来传递该品牌精神的四个关键词"优雅""自信""迷人""当代"。系列作品中表现了该品牌具有代表性的八套女装，针对不同的关键词，选取了能够表达关键词内涵的场景作为背景。

优雅

自信

迷人

当代

插画是为时装品牌服务的，将产品的最佳状态表现出来是品牌方的基本诉求，可运用第5章讲授的内容来完成人物和时装部分的绘制。要表现出既多变又统一的画面效果，需要对系列作品的构图、色彩运用、表现形式和差异化的场景进行总体的构思，并在统一和差异中寻求平衡。例如，"优雅"突出"雅"，雅致的色彩和相对内敛的人物形象，色调也相对清新、淡雅。"自信"表现工作场景，突出现代女性独立、干练的形象。"迷人"则选取华丽、精致和具有复古风格的场景，运用浓郁的色调来烘托流光溢彩的气氛。"当代"运用摩登都市的夜景为背景，展现当代人的生活环境。

时装品牌画册插画的核心是运用时尚插画的形式充分展现品牌精神、品牌文化，为树立品牌形象助力。所以，在创作过程中需要与品牌方沟通，了解其诉求，并预先绘制出草图，标明画面的内容、色调，提供一些类似的画面，待双方协商一致后再继续创作，这样才能更好地为品牌方服务，顺利地完成时尚插画创作项目。

7.1.2 时装发布会海报插画

时装发布会是时尚品牌运营过程中的重要活动，举办前需要提前宣传预热，以求达到更好的营销效果。有些品牌为了加强宣传效果，会和插画师合作准备一些插画并发布到媒体平台上，以吸引更多人关注。

该案例是受某女装品牌邀请绘制的某时装周品牌发布会的预热海报，这一系列有三幅，展现了品牌本次发布会中的三个主推款式，要求以品牌专卖店为背景，在突出品牌经典、优雅风格的同时凸显现代感。创作时采用水彩手绘和Procreate结合的表现手法。第一幅和第二幅完成传统水彩手绘部分后进行扫描，再在Procreate中运用"新选 / 灯光1""新选 / 灯光2"和"新选 / 中起稿铅笔"等笔刷增加店面射灯效果和斜向光泽感。第三幅全部用Procreate完成，主要运用"新选 / 中起稿铅笔""新选 / 湿亚克力"和"新选 / 灯光1"等笔刷来完成人物和店面背景的绘制。该系列作品着重表现优雅的人物姿态、精致的服装细节和光线感十足的店面背景，并统一运用柔美的粉灰色调来凸显品牌典雅的女性化风格。

7.2 节日主题时尚插画

节日是日常生活的调味剂，也是时尚插画重要的灵感来源。不同节日有着不同的标志性元素。在绘制节日主题时尚插画时，需要结合节日元素和时尚元素，以时尚作为主体，以节日作为特色来表现。

7.2.1 中秋节

圆月常被运用在中秋节主题的插画中。以下两个案例均以圆月作为画面的主体构图，同时结合时尚元素，如时尚人物形象、时尚配饰和珠宝来完成创作。

1 以头饰为中心

选取一些较为精细的人物肖像和配饰来提高画面的视觉冲击力。任何一张 Procreate 画作都可以运用色彩和构图的变化来表现出不同的画面效果。

该案例在圆月构图的基础上，以展示人物的时尚头饰为主。首先在纸上完成铅笔稿，然后扫描并导入 Procreate 画布中，用 Procreate 完成上色和肌理表现，最终添加多个背景图层，完成深蓝色的天空和淡金色的圆月。

2 以手部饰品为中心

有时仅表现人物的头部和面部不足以凸显画面的时尚感，在构图时可以增加一些手部姿态的设计。一方面，手是人的"第二张脸"，和面部一样具有生动的表现力；另一方面，一些手镯、戒指等手部配饰可以使画面更加丰富。

该案例中的人物为侧面，深色条纹上衣与天空的颜色和谐统一，加入了钻石手镯和项圈后，更加吸引观者的注意。饰品、皮肤、头发的光泽是表现人物时需要重点突出的。在绘制背景时，运用"新选 / 水彩棉球"和 Procreate 自带的笔刷"元素 / 云"来表现月亮和天空中的云雾，使闪耀的饰品更突出。

7.2.2　元宵节

元宵节也是一个备受欢迎的传统佳节，汤圆和灯笼等是元宵节典型的元素。灯笼的造型、颜色多变，不仅可以增加画面的形式感，还可以作为时尚配饰出现，为画面营造喜庆、欢乐的氛围。

1 以节日场景来构图

该案例的背景中运用了灯笼和烟花。为了提高工作效率，我们可以在单独的画布中先绘制好一个灯笼并保存为图片素材。

将灯笼导入人物画布中并设置为"正片叠底"模式，然后根据需要的灯笼数量复制出多个。调整每个灯笼图层中灯笼穗的方向，使灯笼的形态更加生动多变。注意，灯笼的大小、方向和前后关系也要调整。用"新选 / 烟花 1""新选 / 烟花 2"和"新选 / 烟花 3"画出背景中的烟花。

该案例中的人物可以选择传统手绘或直接用 Procreate 来完成。两幅作品中，人物手提的灯笼与背景中的灯笼形成散与聚的对比。

2 以节日元素来构图

　　该案例中的头饰花团锦簇，点缀灯笼元素，白色和红色相间，适合表现节日氛围。

　　人物的五官运用弱明度对比来进行虚化。用强烈的色彩和鲜明的笔触绘制头饰，并插入灯笼元素。注意，不同位置的灯笼需要区分颜色深浅和尺寸大小，用"新选/中浅色画笔"再次加工，前面的灯笼要更加鲜艳、明亮。

7.2.3　春节

　　春节是中国最重要的传统节日，春节的元素非常丰富，如春联、彩灯、鞭炮、饺子、生肖等。有些春节元素与时尚元素在画面中并不容易统一，可以直接运用红色来点缀画面，这也是一种非常有效的方式。

1 节日氛围的室内场景

该案例是为某女装品牌绘制的新年系列宣传插画。画面借助灯笼和华丽的地面装饰等来烘托欢乐的节日气氛。

2 生肖与时尚人物

生肖变更是新年到来的重要信息，生肖总能为时尚插画创作带来源源不断的灵感。

该案例是在猪年新年时，以生肖小猪和高级时装发布会中的人物形象结合来表现的。画面以中国红作为背景，并用金色闪粉线条来突出春节的氛围。

故事性时尚插画及运用

7.3.1 传统文化主题

近年来，随着国家对传统文化复兴的号召，传统文化越来越受关注，成了时尚插画中一类重要的表现题材。传统文化的类别多种多样，下面案例选择的戏曲元素是其中之一。

这个系列以戏曲名段《贵妃醉酒》为主题。《贵妃醉酒》表现的是杨贵妃和唐玄宗之间的爱情故事，剧目本身具有强烈的戏剧效果和浪漫气息，但是如何在静止的时尚插画中表现戏剧性的时刻及强烈的情感冲突，是需要思考的。

该案例选取人物半身像的形式构图，突出表现人物的面部表情和华丽的服饰。在构图时，将人物内心强烈的情感转化为歪斜不稳定的动作，以及大小珍珠散乱掉落的场景，以突出一种冲突与不安的画面情绪。

从技法上来看，对该作品进行了不同的尝试。

一种是以不同的背景和不同颜色的线条来表现。用"新选/特种纸肌理"增加底纹，用蒙版工具结合金属色闪粉图片素材把线条转化为紫色或者金色的闪粉质地，以表现华丽的舞台效果，局部用白色点出珍珠的高光。

另一种是用勾线平涂法完成服饰和人物的上色，呈现出色彩丰富的画面。其中，为第二幅增加了紫色的半透明图层作为滤镜，把勾线变成了紫色。这两种色系处理各有千秋，后者似乎更凸显了"醉酒"状态下的贵妃形象。

在以传统文化为表现题材时，为了突出画面的时尚感，可以采用更灵活的表现形式，如改变纸张的颜色、画面的肌理和绘画的笔触，变换人物形象和动态，以及使用新颖的构图。任何主题和内容都不是一成不变的，只有不断地尝试，才能创造出更丰富、新颖的作品。

7.3.2 趣味动植物主题

动物有着丰富的颜色、美丽的皮毛、灵动的身姿，植物有着奇异的造型、精美的图形和不同的质地，这些自然之美是时尚设计和插画师宝贵的灵感之源。

1 主题插画

这组案例是为某服装品牌绘制的 T 恤图案，选用鲜亮的颜色，将动物和植物穿插构图，动物的形象采取拟人化的手法，表现得较为活泼。无论是动物还是植物，都需要在收集到的大量图片素材中选取和组合，寻求动物和植物之间理想的搭配和构图。下面的图案主要采用勾线平涂的方式，结合"新选 / 软色蜡笔"来表现。

为了更深入地表现动植物构图，下面两幅作品中，用"新选/圆头中油画笔"表现背景的层次，用"新选/油画干笔刷"和"新选/短发"刻画小狐狸的毛发质感，用"新选/皮草毛条"绘制猫的毛发。

2 从插画到服饰图案设计运用

Procreate 的强项是完稿后可以将作品存储为多种格式的文件，所以我们可以在完成绘画后将其应用到不同的设计中。下面这幅白色背景的小动物插画就可以直接插入时装款式图中。

底布颜色   图案样式

一个花形图案绘制完成后，可以复制成多个文件，然后通过 Procreate 中的"调整"工具改变图案的颜色和背景色，形成多种设计方案。也可以通过重新构图和组合转化为面料图案。

面料颜色

提示 →

有时时尚插画和图案设计之间的界限并不十分清晰，这也是 Procreate 能够同时用于绘画和设计的原因之一。Procreate 多样化的笔刷能够创造出丰富的质感和层次，并能够转化为 JPG、PNG 或者 PSD 等文件格式。

本书介绍了 Procreate 的一些基础技法，以及 Procreate 时装画、时尚插画的风格、表现方式和运用范畴。然而，书中的内容对于不断更新的软件技术和功能而言只是较为有限的一部分，要创作出更新颖、独特的作品，还需要读者经年累月坚持练习，不断积累和探索。